H E R B S

香草植物研究家
尤次雄 / 著

中国轻工业出版社

目录

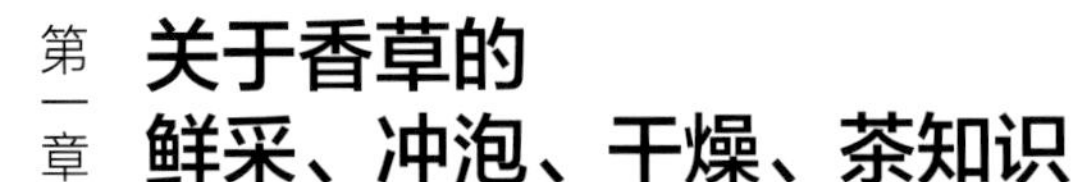

特别提醒：

本书内容中所提到的任何香草功效及帮助，仅供养生参考，不涉及任何疗效，若有疾病的患者，必须通过合格的中西医医生进行诊断及开处方。

冲泡方法

饮用时机

新鲜干燥

第二章 运用 33 种香草，泡出 180 款美味茶饮

香草是人生最好的伙伴

我研究和栽种香草植物，以及推广香草生活的好处，已经20余年了，在这些与香草为伍的日子当中，它们的芬芳熏陶，为我的生活带来无穷乐趣，更为自己的人生加分。

回顾人生上半段的职场生涯，我的生活态度总是消极大过积极。甚至每天汲汲营营，却没有明确的生活目标，得过且过。自从在日本开始接触香草生活后，我才从消极转为积极，开始为下半段人生编织美梦，“有梦最美，逐梦踏实”，一路走来虽然辛苦，但不放弃与积极的心永远存在。

特别是从2012年开始，我在阳明山打理“时光香草花卉农园”的日子，虽然每天上山单程就需要一个小时左右的时间，但我心中总是怀着与香草植物、季节花卉约会的美好期待。一到农园，便为自己冲泡出今天最合适的香草茶，在香气萦绕的氛围中，开始美好的一天。每天都是新的一天，每天也是积极的一天。

化危机为转机

2015年8月，苏迪罗台风肆虐，农园遭受严重灾害，除了农业硬件设施外，辛苦照顾下的香草花卉也遭到无情的摧残，这的确是一大打击，就在收拾心情复原的当下，又遇上可怕的台风天鹅，更是雪上加霜。

然而，当我回想起1999年刚推广香草时，也碰到中国台湾史上最可怕的9·21集集大地震，当时大楼倒塌，再加上连续的停水停电，造成许多台湾同胞伤亡，可说是最可怕的灾情，那时候的报纸都以黑白页刊出。然而就在一片凄惨当中，10月6日，《联合报》与《民生报》以彩色页介绍我的香草，推广标题正是“香草花园开张，抚慰受伤心灵”，我还记得报纸登出当天，就接到了百余通电话，询问有关台湾香草的现况。

由于当时香草植物在台湾并不普遍，几乎所有的香草爱好者，借此找到了一个可以寄托心灵的所在。当时的莫大危机，同时也带来了转机，也开启了我推广香草的契机。

化逆境为顺境

在以后的推广过程中也遭遇不少挫折，甚至一度萌生放弃的念头，但我总是以“化逆境为顺境”作为勉励自己的圭臬。再加上许多香草同好适时的支持与鼓励，我就这样一路走下来。

在双重台风的肆虐中，农园能够很快地加以复原，最感谢的是农园的主人何先生，冒着风雨一路抢修，甚至因此而受伤，让我非常过意不去。其他好朋友们，也都利用宝贵的时间来帮忙复原，令我深感贴心。敬爱的母亲与一直支持我的大姐，也随时鼓励我，使我深深感受到最大的安慰。

在创伤与疗愈的过程中，看着香草花卉展现出强大的生命力，亲朋好友适时予以协助与鼓励，让我心怀无限的感激。人生不可能一直是逆境，也不可能一直顺遂，总是要抱有希望，持续朝向目标前进。

化负面情绪为正面能量

我在时光香草花卉农园的日子已经6年多，除了以教学及香草种植为主，更期望创造出最丰富与美丽的环境，让每位同好，都能感受香草花卉所带来的自然、健康与实用。

香草植物可以应用在生活中，包括茶饮、烹饪、健康、芳香、园艺、花艺及染色等。其中又以茶饮最具代表性，借由采收自己亲手种植的新鲜香草，冲泡出最自然与充满治愈感的美味，让所有的负面情绪一扫而光，随之而来的正面能量，则为自己开创出无限美好。

香草是人生最好的伙伴之一，在香草花园中，喝上一杯香草茶，能为自己与好友们带来最幸福的时光。非常高兴此次再应出版社的邀请，出版了以新鲜香草茶饮为主题的书，期望能增加大家对香草植物的爱好，并提升香草生活的乐趣。

再次感谢所有同好的支持与鼓励，
因为您们，香草人生路上充满着无穷的希望。

香草植物研究家 尤次雄

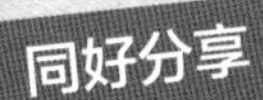

我们都被香草疗愈了

走进时光香草花卉农园，芬芳扑鼻而来，
这里有各式各样的香草与花卉，可以远眺山峦，呼吸新鲜空气，
喜欢香草植物的同好，在农园品尝香草茶饮与点心，
回到家里，阳台、窗边也摆着一盆又一盆香草，
从栽培、泡茶、烹调到布置，香草为生活带来的美好无处不在。

芳香万寿菊，淡淡百香果香气

吴柳桦．芳疗师

对许多人来说，香草茶就是将香草植物晒干后，再用热水冲泡即可饮用。但当你愿意尝试用新鲜香草泡茶时，香草茶便不再只有单纯饮用的目的了，而是一场香草的感官飨宴。在众多香草植物中，我最喜欢的莫过于芳香万寿菊。在摘取的过程，身上便会沾染上它的气味。当热水注入容器时，你会看到芳香万寿菊顺着水波，在茶汤中摇曳生姿，香气也随着热气袅袅窜入鼻息。入喉后，属于芳香万寿菊的香甜气味会逐渐占领口腔，不带有甜味剂的淡淡百香果香气便会在口齿留下余韵，久不消散。

自然花草香，舒缓与释放身心压力

吴羚祯．芳香疗法讲师

多年前一个炎炎夏日的午后，因学生的期待，我预约并踏上了尤次雄老师的香草园，在陆续参与多次香草课程后，从最初带回一盆香草植物，到如今家中庭院已栽种十数盆。在所有的香草茶饮中，我最爱的是柠檬马鞭草的清新香气，不能忘情的是马郁兰的甜美氛围，单方或复方香草的搭配经常让我感受到多重意料之外的惊喜。而最近的新欢是迷迭香与咖啡的结合，饮用之后，精神抖擞之际也觉得生命就该如此地迎接并享受。拥有了香草生活之后，时时觉得浪漫，身心压力也都得到了舒缓与释放，真心推荐大家一起来拥抱香草！

新鲜薰衣草让我爱上泡茶的清香

吴诗渝．香草同好

过去，我对香草的印象是干燥的、色彩缤纷的花草浸泡在玻璃壶里真是美极了，当时就疯狂迷上花草。一个偶然的机会，社交软件突然跳出一位很有名的人，就是香草达人尤次雄老师。与这位香草达人加为好友后，我参加了尤老师开设的香草栽种课，还有香草料理、香草茶饮课程。尤老师轻松活泼又很风趣的分享，教会我们如何照顾香草。

香草可以运用在烹调上，某一堂课老师教我们制作香草煎饼，在这一过程中还冲泡了迷迭香咖啡、薰衣草奶茶，真是让我惊艳啊！以前我都是用干燥的薰衣草花苞来冲泡奶茶，但总是觉得味道太浓了，所以就不太爱喝。然而尤老师用新鲜薰衣草冲泡的奶茶超级好喝，味道清香而不浓烈，实在是让人回味无穷！

香草这么好用，当然要多多推广，让它融入我们的生活。我在课程中也认识了很多好友与高手，可以彼此交流，例如有位制作手工皂的老师将香草融入手工皂中，还有喜欢栽种的同学在家里也种出了自己的香草园！

最后，感谢尤次雄老师一直以来不曾改变的香草教学态度，让我可以体验香草疗愈的魅力。

清爽多层次的香气，引动味觉情感

余姮．芳香疗法讲师

“时光香草花卉农园”是我和学生每年必拜访的地点，这里总是有各式各样的香草，引动我们在味觉上的情感，特别是尤老师准备的花草茶，让我们享受到大自然花草的原汁原味，在那种清爽却又丰富而多层次的香气中，味蕾被激起。尤老师也会准备一些小点心，香草茶配上这些点心，犹如春天里盛开的花朵，这些花朵似乎早就在等待春天的气息。尤老师决定出版这本香草茶饮的书时，我是既兴奋又期待，希望能看到他对香草茶的指引，给我更多芳香创意。

百里香复方茶，红润了脸色

林芷羽．香草同好

好朋友带着一脸倦容来找我，谈话中，她偶尔咳嗽，打起喷嚏，让我不禁关心起她的身体状况。

“大概是天气多变让我快感冒了吧！”她无奈地说。

于是我起身走进小院子，随手剪了院子中的原生百里香，还有德国洋甘菊，将它们稍微洗净之后，熟练地用大约80℃的热水，冲了壶香草茶给她喝。她深深地嗅着香草茶的香气，然后，慢慢啜饮。没多久，就看见她苍白的脸色渐渐红润了起来。

每一种植物都充满力量，喜欢像这样，走进小小的花园，就能捡拾一餐桌的芬芳！

被茶饮香气包围的幸福

林佳蓉. 芳疗师

薰衣草、洋甘菊、薄荷、柠檬马鞭草，每一种都是常见的干燥香草茶，也是我对香草茶的第一印象。

与新鲜香草茶的初次相遇是在尤老师的农园，没想到是如此令人惊艳！香甜芬芳的芳香万寿菊，让我想到夏日美味的龙眼、百香果与凤梨，刚摘下的洋甘菊则是甜美的苹果香。

在忙碌的生活中为自己与所爱之人泡壶香草茶，随手摘几片喜欢的香草放入壶中，欣赏花叶在水中舞动舒展，等待香气缓缓将你包围，一起感受这片刻的幸福与植物的疗愈力量吧！

同好分享

窗台的香草，带来生活小确幸

林咏春．多肉植栽养护与创意盆栽设计讲师

我特别喜欢清晨到小花园里，和花草、多肉植物们打招呼，触摸香草植物的叶子，让一天的开始就充满清新的香氛与活力。午后时刻，端详着眼前爆盆的香堇菜、长高的芳香万寿菊和茂盛到需要修剪的凤梨鼠尾草，还有已经长得像杂草堆的薄荷、长得比我高的西洋接骨木，一边对照尤老师的另一本著作《Herbs香草百科》查询养护方法与修剪时机。

自从有了这本香草百科，我家的香草植物从此枝繁叶茂。鲜采香堇菜成为手作洋梨塔最美的搭档；凤梨鼠尾草和薰衣草，则是烘烤奶酥面包和手工奶油饼干的最佳香草伙伴；法国龙艾、迷迭香与刺芫荽，让法式咸派的层次升级，令人回味无穷；信手拈来新鲜柠檬百里香和凤梨鼠尾草冲泡茶饮，搭配手工香草饼干，贵妇下午茶就在我家。

还没品尝过尤老师的香草火锅的朋友们，一定要与好友们安排一次媲美完美交响乐的香草火锅飨宴，正如同音乐会有上半场与下半场，这香草火锅在尤老师的精心调配下，同一锅呈现出两种层次的味觉变化！幸福，其实可以很简单，就从您的窗台开始，养几盆香草植物，生活中的小确幸就会开始出现，只要推开窗门，就可以亲身体验香草植物的魅力。

茶饮香把烦恼冲散了

高瑞瑞．香草同好

我想没什么饮料是比香草茶更让人没有负担的。

一个人的时候，随手摘几叶香草，闻起来芳香舒畅，喝起来清爽不腻，好像很多不愉快的事情，都会跟着香味散开消失，心灵也跟着被洗涤一般。

很多人的时候，来一壶复方香草茶，就像欢乐的气息散发般，整群人都一起开心起来。接触到香草，是我人生当中一件很幸福的事情。

同好分享

品尝香草园的花花草草

叶美华．香草同好

记得小时候我最喜欢去老师家，因为有薄荷蜂蜜水；那个年代少有香草种植，所以很稀奇。

现在则是常常拜访阳明山“时光香草花卉农园”，看满山的迷迭香、薰衣草、洋甘菊、玫瑰，还有一丛丛的西洋接骨木、爬满篱笆的金银花，以及四时花卉如鸢尾花……每种香草花卉都令人爱不释手。

我喜欢自调香草茶饮，尤爱薄荷搭配柠檬马鞭草的清新纾压，是夏日午后的消暑圣品；我也喜欢金银花，花形美丽，香气浓郁，又有缓解咳嗽功效；特别是紫苏，可以煮水泡茶，可以腌梅煎蛋，是第一名的女配角！在尤老师的数百种香草里，新鲜德国洋甘菊茶算是最奢侈的，淡淡的苹果香，抚平了都市人生活的紧张情绪，让人恢复活力；薰衣草奶茶与迷迭香咖啡则是我的新体验，香草真是神奇！

回到家里，我有一块小小的香草园，种着十多种香草花卉，每天看着花花草草新生、发芽、开花、结籽，生命循环，生生不息！春来我种下蝶豆花种子，期待豆苗顺利长大，爬满篱笆，开满满的紫色花朵，这样我又多了一味香草茶！期待这样的美好！

生活中不可或缺的好朋友

杨月美．香草手工皂讲师

生活中总是有些事物会让人上瘾，有人爱摄影，有人爱旅游，每个人爱的都不一样，而我，出门总是习惯自己带一瓶水，就算再急，也一定要到阳台随手摘采香草，泡好香草茶才愿意出门。也许是薰衣草，也许是百里香、迷迭香、柠檬马鞭草，或者是猫穗草……就看谁今天跟我看对眼，就带谁陪我一整天。这是否就是上瘾？当然是！感谢尤老师的启蒙，让香草在我人生中从零到现在占有极重要的地位，不管是喝水、烹饪、做保养品、做皂、教学，甚至怡情养性都少不了香草，我就是香草重度依赖者。

香草茶舒缓肠燥症，心情更放松

熊利晨（power）．自然农法讲师

我在两年多前的一次好友聚会上，初次品尝到新鲜香草茶饮。冲泡香草时，那一股扑鼻而来的香气，让身心瞬间感觉清爽与舒畅，令人记忆犹新！非常感谢友人介绍我认识尤次雄老师，不但报名上了尤老师的香草相关课程，也阅读其著作《Herbs香草百科》，学习如何运用新鲜香草植物。

将香草植物融入自己的农园，更加有乐趣。同时，香草茶也舒缓了我多年来在工作上的身心疲惫。从事服务业的我，长期面对业绩压力，肠胃经常不适，肠燥症问题尤为严重，自从跟随尤老师学习如何运用香草茶饮配方，解决了我长期以来的肠燥症问题，面对工作心情也更放松、愉悦。另外，我过去经常有呼吸道不顺畅的症状，较容易感染上流感，通过新鲜香草的运用，也可以预防流感、提高免疫力！在此预祝尤老师新书热卖。

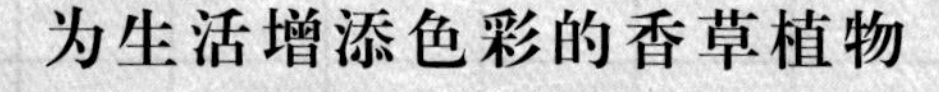

为生活增添色彩的香草植物

苏美玲．创意烹调讲师

过往数年教做意式比萨，我都是简单佐以从超市购买的干燥香草。在2017年底于新竹举办的CSA研讨会上，根据志工的建议，我开始摸索自己种植新鲜香草，从而开启了我的香草之旅，并来到阳明山请教尤次雄老师。因参加老师举办的各种课程，让我对香草应用有了更全面的认识。香草不仅仅在烹调、茶饮、芳疗、护肤中皆可见其踪迹，现代人的生活忙碌紧凑，香草为日常带来五感体验，实在增添了不少乐趣！尤老师研究香草的经验丰富，此次香草茶饮著作出版，实为佳音，感谢您，为大家的生活增添香草色彩！

第一章

关于香草的鲜采、冲泡、干燥、茶知识

天然花草所冲泡的茶饮，淡淡清香与漂亮的茶色，令人心情愉悦，泡一壶属于自己的香草茶吧，用喝一杯茶的时间品尝自然的味道，享受放松的时光。

先备观念

01 西方与东方的茶饮有什么不同?

西方的茶饮比较强调香气与口感，着重在红茶类与香草茶方面，特别是饭后茶饮最为普遍，也有睡前喝茶的习惯，例如德国洋甘菊与薰衣草茶饮。东方茶饮强调喉韵与文化，例如日本独特的抹茶文化，还有中国悠久的乌龙茶文化等。

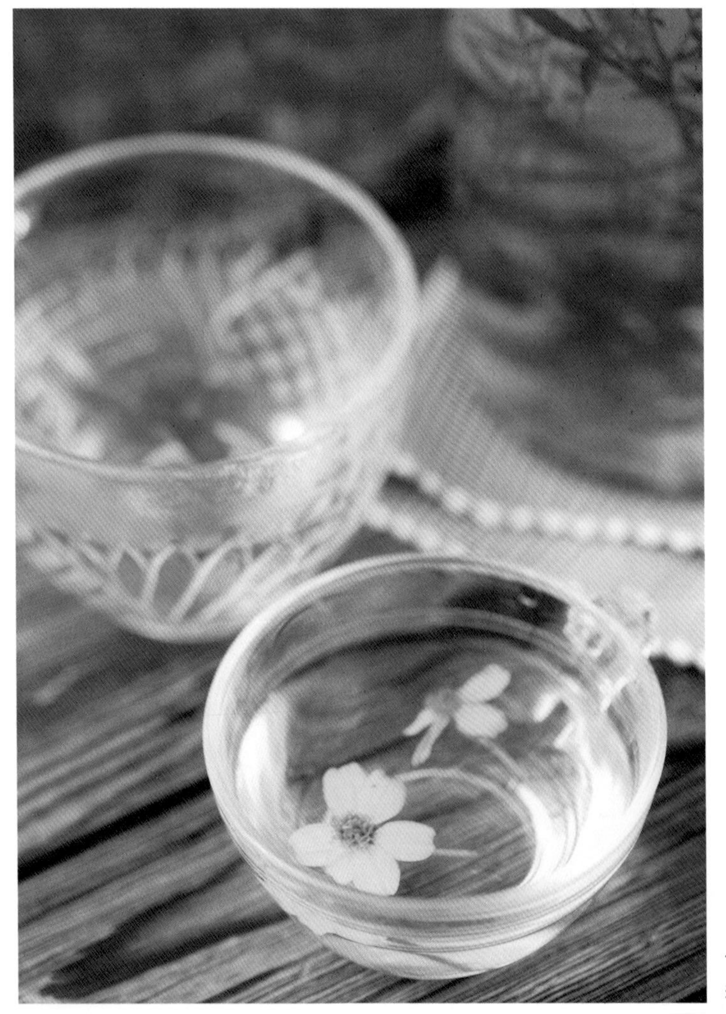

不含咖啡因!

新鲜香草茶

所谓香草茶，是指利用天然的花草所冲泡的茶饮。据研究报告显示，香草茶可以有效改变气氛，尤其是在烦恼时饮用，可以让精神舒缓。另外饮食过量而造成负担，也可运用香草茶保护消化系统。

西方茶饮中的香草茶着重香气与口感。

02 可以应用在新鲜茶饮的香草有哪些？

香草植物种类众多，并不是每一种香草都可以冲泡香草茶。例如观赏用及有毒性的种类就不适合。本书将冲泡茶饮用的香草细分五大类，包括男主角、女主角、配角、花旦以及特技演员，借由了解每一类别的特性，相信可以冲泡出好喝又芳香的茶饮，不仅促进身心健康，也增加生活乐趣。

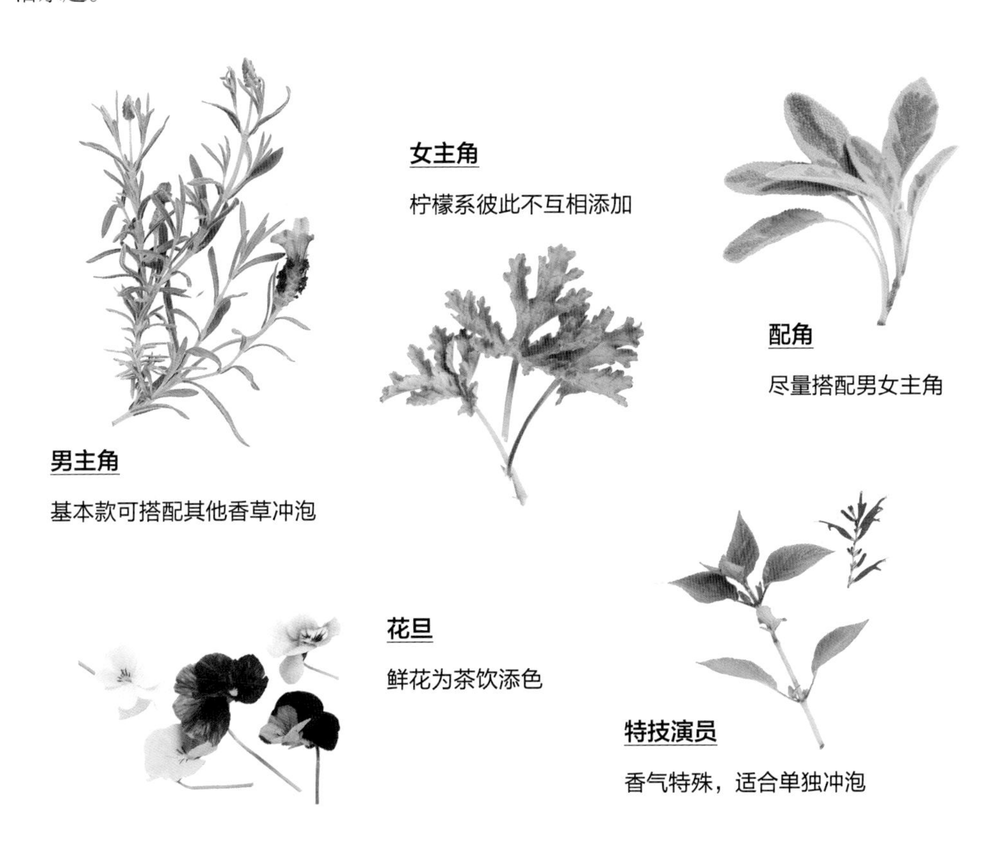

刚开始接触新鲜香草茶，建议从单口味一种香草冲泡起，在逐渐习惯其口感之后，再进行复方香草茶饮的泡制。复方香草茶的种类，最恰当的数量为3种，最好不要超过4种以上。香草的多寡，随个人的口感而定。

03 哪些香草植物不适合泡成茶饮？

首先，具有毒性的香草植物，是绝对不能加入茶饮当中的，例如毛地黄或桔梗兰等。其他纯观赏性的香草植物，如耧斗菜或醉鱼木，也不适宜。所以若想了解哪些香草植物比较适合新鲜茶饮，可参考本书介绍的33种香草，或请教这方面的专家学者、中西医医生。

不适合冲泡的香草

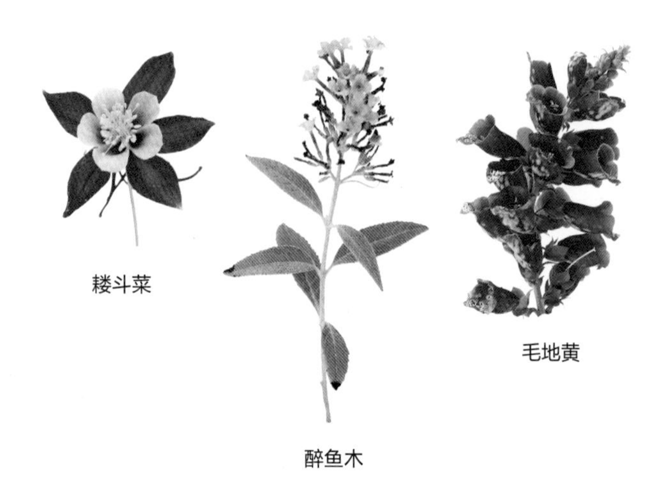

不适合单独冲泡，但添入汤品很棒

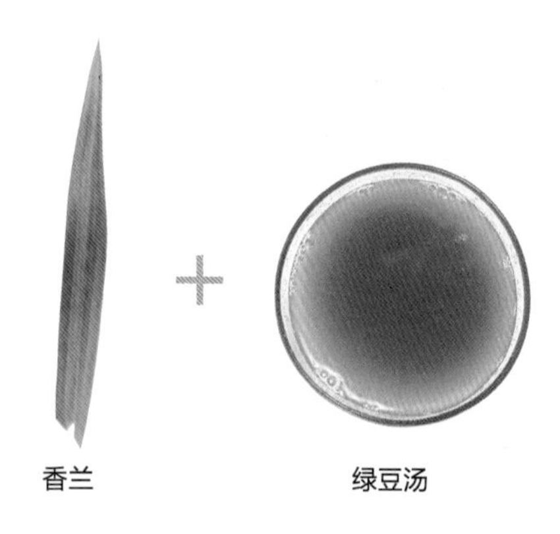

香兰又称为斑兰或七叶兰。由于具有芋头的香气，如果单独冲泡，可能香气不足，所以通常会与绿豆汤或红豆汤一起熬煮，增加口感。

芸香由于气味独特呛人，常令人避之不及，所以不建议单独冲泡。但是在东南亚国家，人们会将其添加到绿豆汤或红豆汤中。

04 玫瑰可以运用在香草茶饮当中吗?

玫瑰为茶饮带来浪漫气息。

先决条件是玫瑰必须为自己栽种的，或是购买有机栽培的食用玫瑰。市面上所贩卖的切花用玫瑰，因为主要是作为观赏及花艺上使用，栽培过程通常会喷洒农药，以避免病虫害，所以千万不要加入茶饮。

玫瑰不仅可以增加茶饮的视觉美感，其中香水玫瑰系列，更可以带来嗅觉上的无比享受。栽培玫瑰最需要耐心及技巧，由于春夏之际，经常会有虫害，像我的农园，都会在玫瑰四周种上细香葱，来达到共生的效果。

玫瑰搭配柳橙薄荷。

05 加化学肥料的香草可以泡茶吗?

香草植物因为要运用在烹调及茶饮上，所以使用有机肥料比较合适。一般使用化学肥料，主要是因为其具有速效性，比较适合用在观花及观叶的植物上面。

建议使用有机肥料栽培香草植物。

有机栽培的香草植物，是喝香草茶最重要的事情。

06 茶饮用的香草在哪里购买比较方便?

目前一般市面上的花市或苗圃即可购得。可选择有机栽培的幼苗或是植株，甚至也可以购买种子，在家自行播种。

07 药食同源，香草茶可以作为药材使用吗?

东方国家经常强调食补的疗效，用以入菜或入茶的中药药草种类非常多，因此也有很多同好问及新鲜香草茶的疗效。香草茶同时具有芳香及保健效果，通过味觉与嗅觉而吸收香草中最精华的精油成分，可以刺激脑神经，而达到芳香体验与疗愈的效果，且香草借由水溶性也会产生各种对人类有帮助的成分及维生素，让消化系统加以吸收。

一般而言，饮用香草茶就像在日常生活喝红茶、绿茶一样，对身体有帮助，但更强调的是视觉及嗅觉上的享受，以这样的心情来喝新鲜香草茶，会更轻松与惬意。

香草茶并不等同于药剂，一定有其限制，怀孕期间的女性以及婴儿、生病的人，必须在医生的指导下饮用。

香草茶饮对于人的精神与
身体都有帮助。

采摘秘诀

饮用之前采摘，可喝到最新鲜自然的香草茶。

08 什么时候采摘香草最为合适？

一般选择在清晨最为合适，但只要是冲泡前采摘即可。由于新鲜香草比较不适宜久放，因此可在自家的阳台、顶楼或庭院，栽种茶饮用的香草，冲泡起来也更安心。

春、秋两季是香草植物生长最旺盛的时期，这时采摘的香草，香气也最为芬芳。

09 如何采摘新鲜香草茶？

香草茶通常是使用植物的花、叶部位，甚至可以带茎一起冲泡。因此直接摘蕾，取其花朵，或是摘芯，连叶带茎修剪到芽点（两片叶子之间的茎部）的上方。采摘下来的香草，用清水加以漂洗，即可直接放入壶中冲泡。

香草修剪后还可以促进植株再生长。

采收下来的茎叶。

10 新鲜香草茶大都使用花叶，根部可以使用吗?

有些植物的根部也可以泡茶，例如西洋蒲公英的根部，就可以冲泡，但是必须先经过洗涤干燥之后，再放入平底锅中干煎，待颜色呈现咖啡色后放凉切片，放入密封瓶中保存。可泡出类似咖啡的口感，由于不具有咖啡因成分，因此又有“代咖啡”之称。另外菊苣也具有同样的效果。

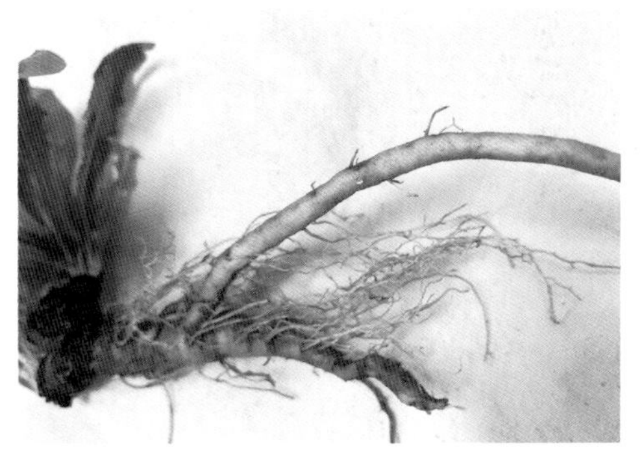

西洋蒲公英的根部。

西洋蒲公英（左)、菊苣（右）都是利用根部冲泡茶饮。

冲泡方法

11 新鲜香草茶的冲泡方式及注意事项有哪些?

冲泡香草茶最好使用瓷器，或是玻璃制的壶具。勿使用铁制或不锈钢的材质，以免影响香草茶的口感。冲泡的热水也尽可能维持在80℃左右的水温，浸泡约3～5分钟，茶汤变色后，即可饮用。植株的叶片或花朵只要轻轻漂洗即可，大量冲洗将丧失香草的原味。

冲泡的步骤

1 剪下欲冲泡的香草，约10厘米数枝。

2 用清水轻轻地漂洗。

3 将干净香草放入茶壶。

4 加入约80℃左右热水。

5 稍待3分钟左右即可饮用。

可回冲3次!

要放几枝香草呢?

以300毫升的茶壶为例，如果希望味道清淡些可放1枝香草，浓郁些则放2～3枝香草。

先用热水让香气散出，
再加入冰品。

12 新鲜香草茶饮可以冷泡吗?

可以冷泡，但是纯粹用凉水或冰水，并不能将植物的精油成分完全释放，香气及口感会比较差。建议可先用热水冲泡，待香气出来之后，再加上凉水或冰水。

point 没喝完的茶可以保存吗?

新鲜香草茶尽量不要隔夜，若想隔天享用，必须先将香草取出，然后放入冰箱冷藏，可以保存3天左右。

13 烹调用香草为什么要少量使用?

烹调用的香草，香气及口感较为浓郁与厚实，因此加入茶饮中宜少量，故本书将其列为配角。烹调用香草如迷迭香，若使用过量，会导致茶汤苦涩，其他像鼠尾草的绿叶、黄金、紫红、三色的品种也建议少量添加，尤其不要加入巴格旦鼠尾草，会让茶汤的香气及口感变得很差。另外，如甜罗勒、欧芹等，也都比较适宜少量搭配男、女主角系列香草一起冲泡。

适合少量冲泡的香草植物

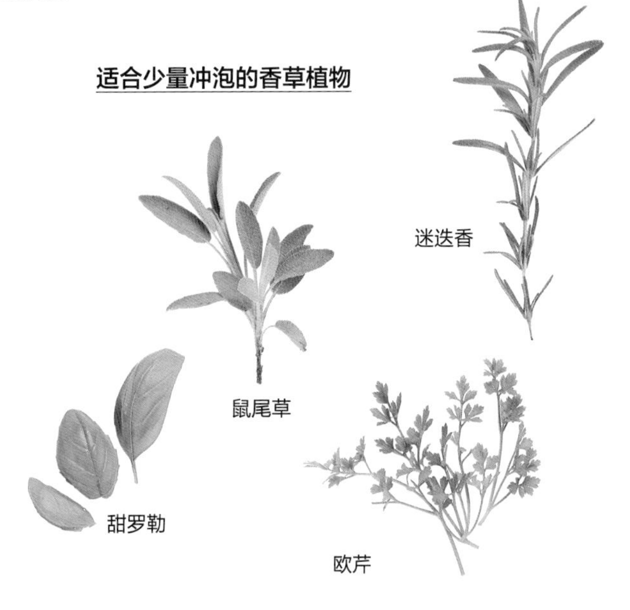

14 茶饮用香草也可以搭配其他饮料吗？

香草植物可以搭配红茶、绿茶、果汁、酒类、咖啡、奶茶，增加香气与口感。

- 酒类或咖啡可加入少量迷迭香，但泡咖啡时，建议使用三合一的速溶包，若使用太高级的咖啡豆，则会失去咖啡本身的质感。
- 奶茶则适合搭配薰衣草，特别是齿叶薰衣草或是甜薰衣草，来达到舒缓的效果。
- 绿茶则是搭配柠檬系香草，其中以柠檬马鞭草效果最佳。
- 红茶则可以跟薄荷或百里香类搭配，例如瑞士薄荷、葡萄柚薄荷或是茱利亚甜薄荷。
- 果汁方面可加入金银花或紫罗兰的花朵，点缀视觉效果。

15 茶饮用的香草可以运用在烹调方面吗？

带有辛辣味的奥勒冈是茶饮的配角，搭配焗烤、比萨也很对味。

可以的，像是男主角当中的百里香，就经常被运用在烹调方面，例如使用叶片搭配糕点食用，口感清爽，另外也可以跟鸡肉或菇类食材一起烹调。女主角（柠檬系香草）方面，可取其柠檬香气的汤汁，代替柠檬，加入各式烹调。至于配角的茶饮香草，原本就是使用在烹调方面的，如迷迭香鸡排、奥勒冈比萨等。另外，花旦中的香堇菜与金银花，属于可食用花卉，加入沙拉或浓汤都很棒。

最受女生欢迎！

柠檬系的香草具有清爽的柠檬香气，可以代替柠檬使用于茶饮、烹调。

香草里的食用花卉点缀茶汤、烹调，让人看了心情也变美丽。

16 冲泡完后的香草可以这样运用！

新鲜香草茶尽量当天饮用完毕。若没喝完，最好将香草取出，可以当厨余堆肥使用。剩余的茶汤，放到隔天，可以当成防虫液，直接倒入盆栽的土壤中，可有效预防虫害。

取出的香草可当厨余堆肥。

冷却后的茶汤，隔日可倒入土壤作防虫液。

饮用时机

17 新鲜香草茶最适合饮用的时间是什么？

需视香草种类而定。早上建议冲泡薄荷、迷迭香等比较能提神或是恢复精神的香草。晚上则比较适合安定、舒缓、镇静方面的香草，像是薰衣草、德国洋甘菊等。一般而言，新鲜香草茶最适合的时间，还是以饭后为佳。另外在下午茶时间搭配茶点，也非常合适。

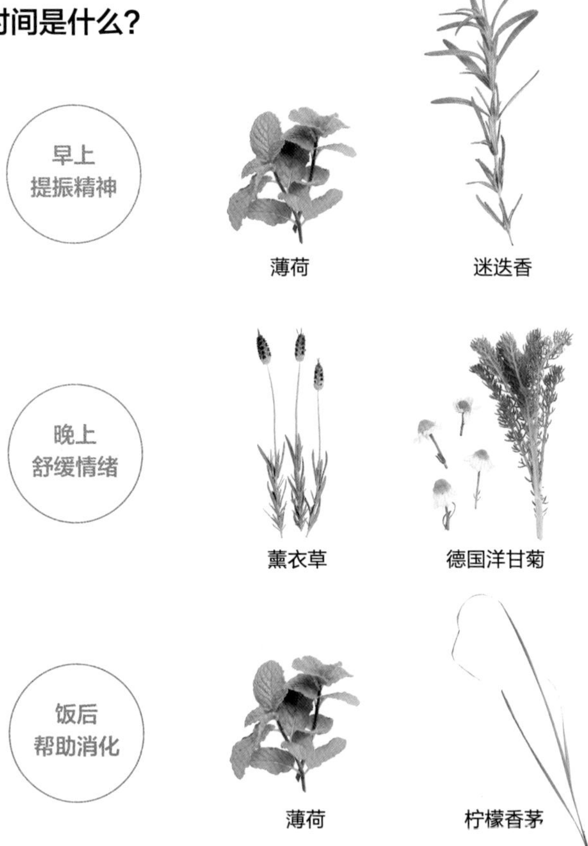

> **point** 尽量选择在饭后饮用香草茶，较不建议空腹时饮用。

18 香草茶既然对身体有帮助，可以每天喝吗？

香草茶可以每天喝，但建议更换香草的种类，因为毕竟不是药水，每天都一样。另外，在用量上也要有控制，例如特技演员的香草植物：凤梨鼠尾草、猫穗草、芳香万寿菊、鱼腥草、到手香，建议少量冲泡，并经常更换。

新鲜干燥

19 新鲜香草茶与干燥花草茶有何差别？

在茶饮当中，为区别干燥花草与新鲜香草，特别将干燥花草所泡制的茶称之为“花草茶”，而用新鲜叶片及花朵所泡制的茶，称之为“香草茶”。花草茶口感较为沉重；香草茶则较为爽口。就香气而言，花草茶为浓郁；香草茶则是清香。然而在保存方面，花草茶的保存年限较长，大约半年；香草茶则在一周左右。正因为如此，自己栽种香草，并冲泡成茶饮，是最高级的享受。

香草茶	花草茶
新鲜	干燥
口感爽口	口感沉重
香气清香	香气浓郁
保存约一周	保存约半年

20 适合干燥的香草有哪些？

大部分的茶饮用香草都可以干燥。然而因为台湾比较潮湿，即使干燥后也容易发霉，特别是使用叶片冲泡的香草，如薰衣草、百里香等，因此建议直接新鲜冲泡，风味比较清新。另外，新鲜与干燥的香草比较不适合一起冲泡，由于香气及口感的不同调性，会造成差异。但还是有适合干燥的香草，例如薄荷或是蝶豆花等。

直接新鲜冲泡，风味比较清新。

第二章

运用 33 种香草，泡出 180 款美味茶饮

精选多种茶饮用香草植物，一次了解它们的身心功效、香气特色、泡茶部位、采收方式，还有各种好喝的混搭方法。

茶饮用香草五大角色解析！

每种香草植物都各有千秋，有的植物适合单方冲泡，有的适合彼此添加，依香草的口感、香气性质，又可以分为五大类别：男主角、女主角、配角、花旦、特技演员，掌握每种类别的个性，就可以依照需要的功效、色彩，冲泡属于自己的香草茶饮了！

五大角色		新手入门百搭款 男主角 单方冲泡、复方混搭都适合	最受女生欢迎系列 女主角 带有柠檬香气，女主角彼此不建议互搭
单方		✓	✓
复方搭配类别	男主角	✓	✓
	女主角	✓	
	配角	✓	✓
	花旦	✓	✓
	特技演员		

少量使用就有味 配角	鲜花点缀增色彩 花旦	个性派独挑大梁 特技演员
口感浓郁，少量添加就能很好地衬托主角	大部分在冬、春之际绽放，是茶饮鲜艳的存在	香气特殊，适合单方冲泡，使用宜少量
		✓
✓	✓	
✓	✓	
	✓	
✓	✓	

口 感 与 香 气 清 新 ，

适 合 单 独 冲 泡 或 彼 此 添 加 ，

也 可 以 搭 配 其 他 香 草 一 起 冲 泡 。

男主角

单方、复方都适合

在新鲜香草茶饮的世界，有很多同好是第一次接触，因此往往不知从哪些香草开始着手，所以特别推荐了四种常见的茶饮香草。为了记忆上方便，总称为“男主角”。

男主角当中，薰衣草和百里香属于灌木类；薄荷则是多年生的香草，一年四季皆容易取得；还有一年生的德国洋甘菊与多年生的罗马洋甘菊，通常于冬春之际，使用其花朵部位。

由于这四种香草对我们身体有很好的帮助，建议初次冲泡新鲜香草茶的朋友，可以从这四种香草开始来尝试单方与复方的搭配。

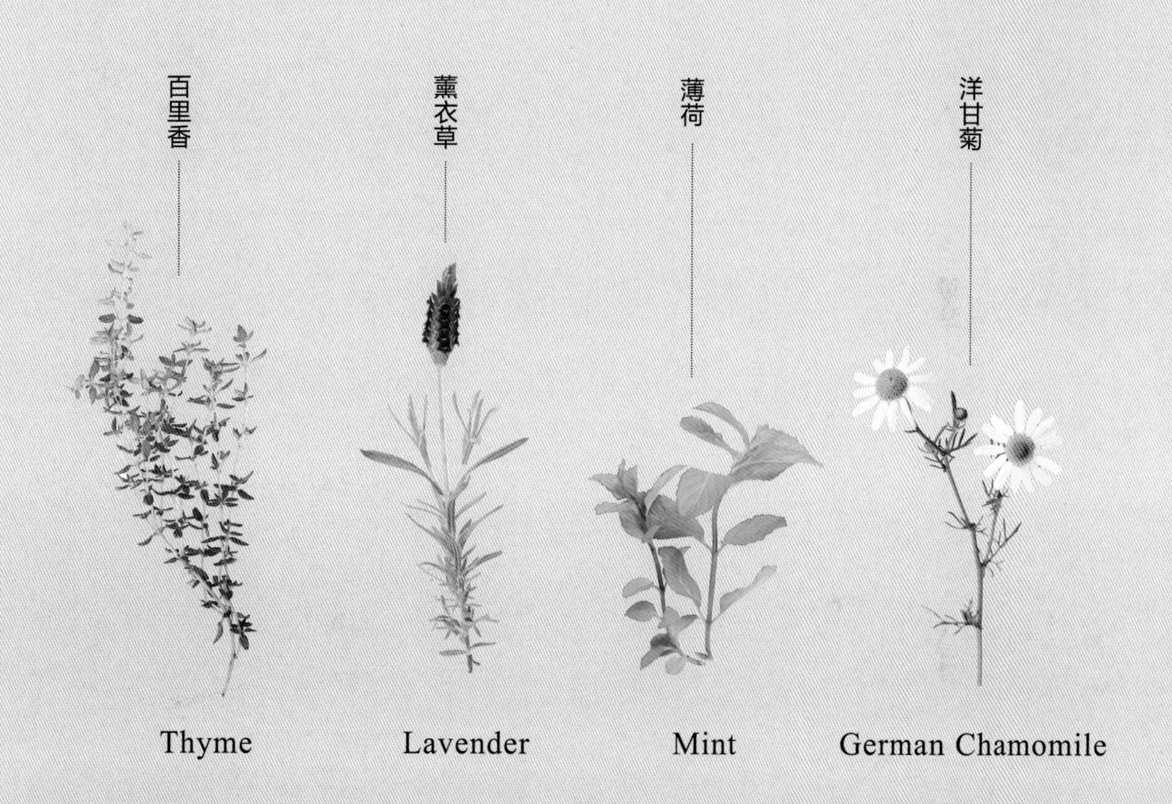
百里香
薰衣草
薄荷
洋甘菊
Thyme
Lavender
Mint
German Chamomile

唇形花科，常绿小灌木

百里香 THYME

学名 / *Thymus vulgaris*

镇静、杀菌、预防感冒

口感与香气

香气与口感充满阳刚味，带有麝香酚成分，会让人感到清新与爽快。在国外是很受欢迎的茶饮用香草，也是台湾香草同好们非常喜爱的香草植物。

泡茶的部位

冲泡茶饮以枝叶为主，若是在春夏之际，会开出粉色系的小花，也可以一起冲泡。由于其叶片较小，因此多会带枝，其中叶片若有枯黄的现象，建议可以剪下来，以翠绿部分为主。

采收季节与方式

百里香的生长最佳季节，主要是当年的中秋节到隔年的端午节期间，也就是大约温度在15～25℃左右，采摘下来的枝、叶、花香气最为浓郁。通常在冲泡前采摘最为合适。

身心功效

具有镇静及杀菌等功效，在身体有感冒前兆时饮用，能够舒缓不适，也很适合在阴雨绵绵或是气候转换的时节喝上一杯，预防感冒。另外也具有帮助消化的功能，很适合饭后饮用。

尤老师小提醒

采收宜以顶芽为主，而且越加采收修剪，将来生长也会越加旺盛。直接从顶芽算下来约10厘米的芽点部位修剪下来，稍加漂洗即可冲泡。由于具有轻微通经作用，怀孕期间应尽量避免大量使用。

适合冲泡茶饮的品种

茶饮家族

百里香的香气与口感非常温和清香，其中又以开花期时最为明显。这几年一般的西式餐厅或家庭，也都会将它加入茶饮中。

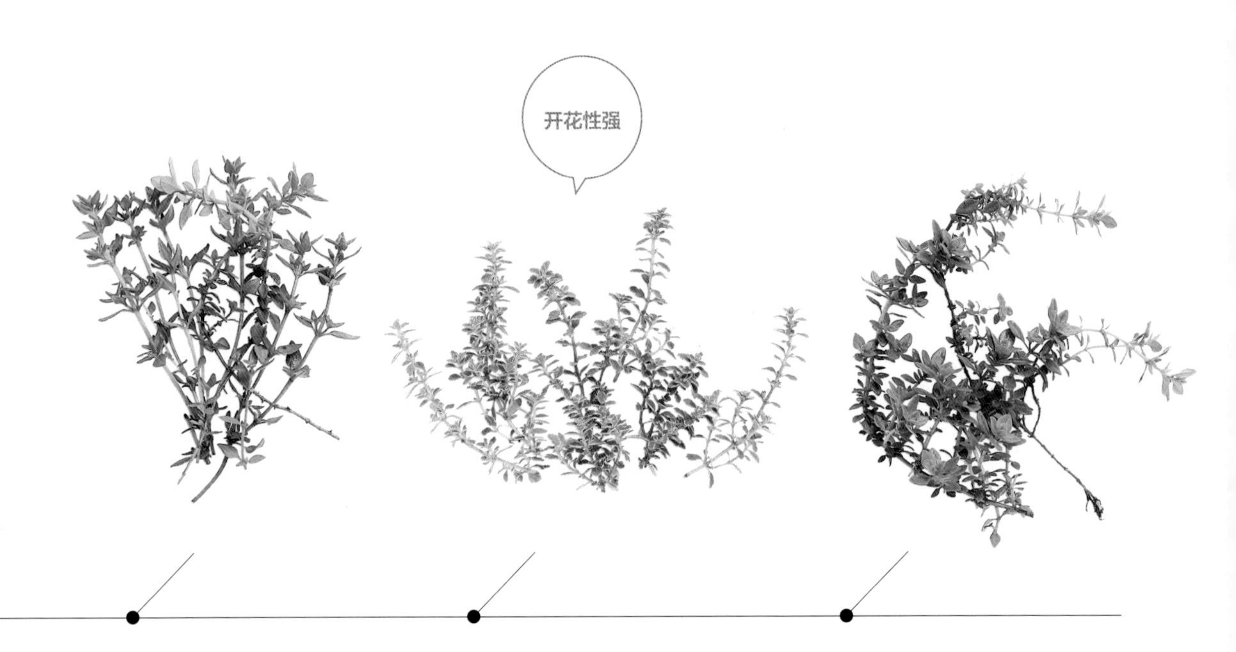

绿百里香

最常见的品种，叶片较小，香气特征明显，麝香酚含量高，适宜搭配其他男主角系列。

银斑百里香

除了明显的香气，其斑叶的色彩，更可以增加视觉效果。

麝香百里香

叶片稍大，香气最为浓郁，因此添加宜少量，单独冲泡口感也极佳。

百里香茶饮 私房搭配推荐

☑ 单方 ☑ 复方

百里香的香气特性，非常适合搭配女主角的柠檬系列香草，以及烹调用的配角冲泡，也非常好喝。若是与花旦的茶饮香草一起冲泡，则在视觉上会有很棒的效果。

搭配 1 百里香 + 鼠尾草

具有杀菌效果的百里香，搭配有同样作用的鼠尾草，口感浑厚。在感冒或咳嗽前兆时加以饮用，可以舒缓症状。在国外是接受度最高的一款茶饮。

百里香
10厘米 × 3枝

鼠尾草
10厘米 × 1枝

搭配 2 百里香 + 薰衣草 + 柠檬马鞭草

晚餐过后，喝这款茶饮可帮助消化。百里香搭配薰衣草，两位男主角相得益彰。加上女主角的柠檬马鞭草，柔化口感，更带来柠檬香气，相当值得推荐。

百里香
10厘米 × 2枝

薰衣草
10厘米 × 2枝

柠檬马鞭草
10厘米 × 1枝

搭配 3 百里香 + 迷迭香

享用完早餐，如果仍然觉得昏昏沉沉，此时可以选择具有强壮功效的百里香，搭配上提振精神的迷迭香，让一天的元气满满。迷迭香宜少不宜多，否则茶汤会苦涩。

百里香
10厘米 × 3枝

迷迭香
10厘米 × 1枝

搭配 4 百里香 + 薄荷 + 香堇菜

具有镇静效果的百里香，加上薄荷的清凉感。冬春之际，还可以点缀美丽的香堇菜花朵，非常适合下午茶时光，搭配自制的茶点，真是视觉与嗅觉的双重享受。

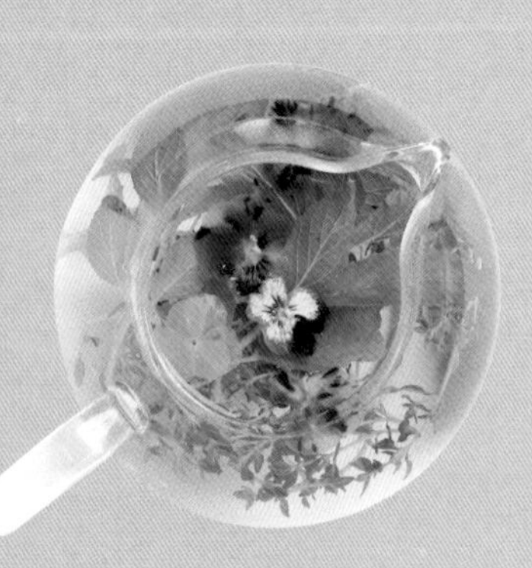

百里香
10厘米 × 2枝

薄荷
10厘米 × 2枝

香堇菜
10～15朵

Q 为什么尤老师会特别喜欢百里香呢？

百里香的外形特殊，小小的叶片，却充满芬芳香气。百里香的功效很多，如镇静、强壮及杀菌，其花语象征着“勇敢”，总是会带来正面能量。再者是它运用范围相当广泛，例如茶饮、烹调、健康、芳香、园艺、工艺、花艺、染色等，显示了百里香作用的多样性。早期初播种香草，百里香最先发芽茁壮，对我个人实有特别意义。

搭配 5 百里香 + 茉莉绿茶

在亲朋好友拜访时，可直接从阳台摘取百里香，与家中常备的茉莉绿茶一起冲泡，既简单又快速。这款茶特别受男性喜爱。

百里香
10厘米 × 3枝

茉莉绿茶
500毫升

其他搭配推荐

百里香 + 德国洋甘菊

适合在冬春之际饮用，具有预防感冒及保温效果。

百里香 + 红茶

非常适合搭配蛋糕甜点，可以解油腻，更可以帮助消化，降低热量。

德国洋甘菊

红茶

Q 铺地香可以泡茶吗?

铺地香（匍匐百里香）由于其香气较为清淡，且口感相对不佳，所以并不建议用来冲泡。铺地香匍匐的特性，适合作为芳香草坪，如果能够露天种成大片，便可躺卧其上享受清香。这或许也是另类享受百里香的方式吧。

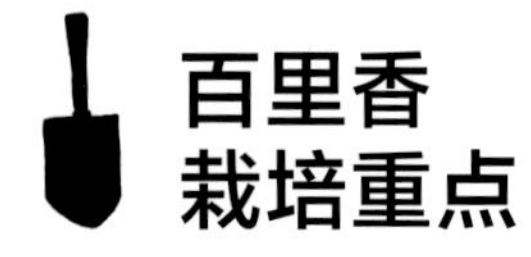

百里香
栽培重点

栽种百里香需要注意温度及通风性，在15～25℃左右的环境中，生长较为茁壮。另外，保持通风也非常重要。

事项	春	夏	秋	冬	备注
日照环境	全日照	半日照	全日照	全日照	昼夜温差大可促进开花
供水排水	土壤即将干燥时再供水，排水须顺畅				
土壤介质	砂质性的壤土为佳				
肥料供应	可以进行追加氮肥		换盆后施予基肥		入春开花期前添加海鸟磷肥
繁殖方法	扦插或压条		扦插或压条		压条效果最佳
病虫害防治		经常会出现烂根，导致植株枯萎			甚少病虫害，但要加以修剪枝、叶使植株通风顺畅
其他	除了高温多湿的夏季生长较为缓慢，极容易有枯叶现象外，在秋、冬、春生长良好				

Q 感觉百里香不太好栽种，请问有什么诀窍吗？

台湾通常在端午节过后进入梅雨季，八、九月多台风，在高温多湿的环境下，使得植物根部经常浸泡在水中，从而导致烂根现象。因此在梅雨季和台风来前，必须加以强剪。另外，不能因为高温就移到室内，以免日照不足。另外，增加排水也非常重要。虽然夏季生长缓慢，经常会枯萎，但一到了中秋节前后，生长就会明显转佳，此时可添加氮肥，以帮助其茁壮生长。

夏季时，为百里香强剪以过夏。

比起其他香草，需要比较长的日照，所以较适合露天栽种，或是种植在长条盆中。

唇形花科，常绿灌木

薰衣草 LAVENDER

学名 / *Lavendula stoechas*

舒缓放松、助眠

口感与香气

喜欢香草的同好，通常大部分也都会接受薰衣草的香气，以沉香醇化学成分为主的薰衣草，香气独特，口感也非常柔顺。

泡茶的部位

包括叶、茎以及花朵，由于开花期主要集中在每年的3～6月，所以开花期间可连枝、叶带花一起冲泡，至于其他时期，则以叶、茎为主。

采收季节与方式

全年皆可以采收，特别是齿叶薰衣草，近年来已经经过驯化，几乎可以度过台湾高温多湿的夏季。采摘时可从顶端算起，剪下约10厘米左右带叶的枝条。

身心功效

香气芳醇，具有放松的效果，还有促进消化的作用，因此适量饮用，对日常生活有调剂作用。饭后或睡前最为合适。

薰衣草具有微量通经作用，妊娠期间宜少量饮用。

适合冲泡茶饮的品种

茶饮家族

独特的香气，柔顺的口感，
薰衣草运用于茶饮冲泡相当受欢迎。

齿叶薰衣草

茶饮用薰衣草的最基本款，无论在香气还是口感上接受度最高。

蕾斯薰衣草

虽然栽种上由于驯化尚未完全适应台湾气候，但假以时日，将可成为极受欢迎的薰衣草品种，口感比较浓郁。

西班牙薰衣草

目前极受欢迎的薰衣草品种，几乎可以全年开花，可以冲泡花朵部位，增加视觉效果。

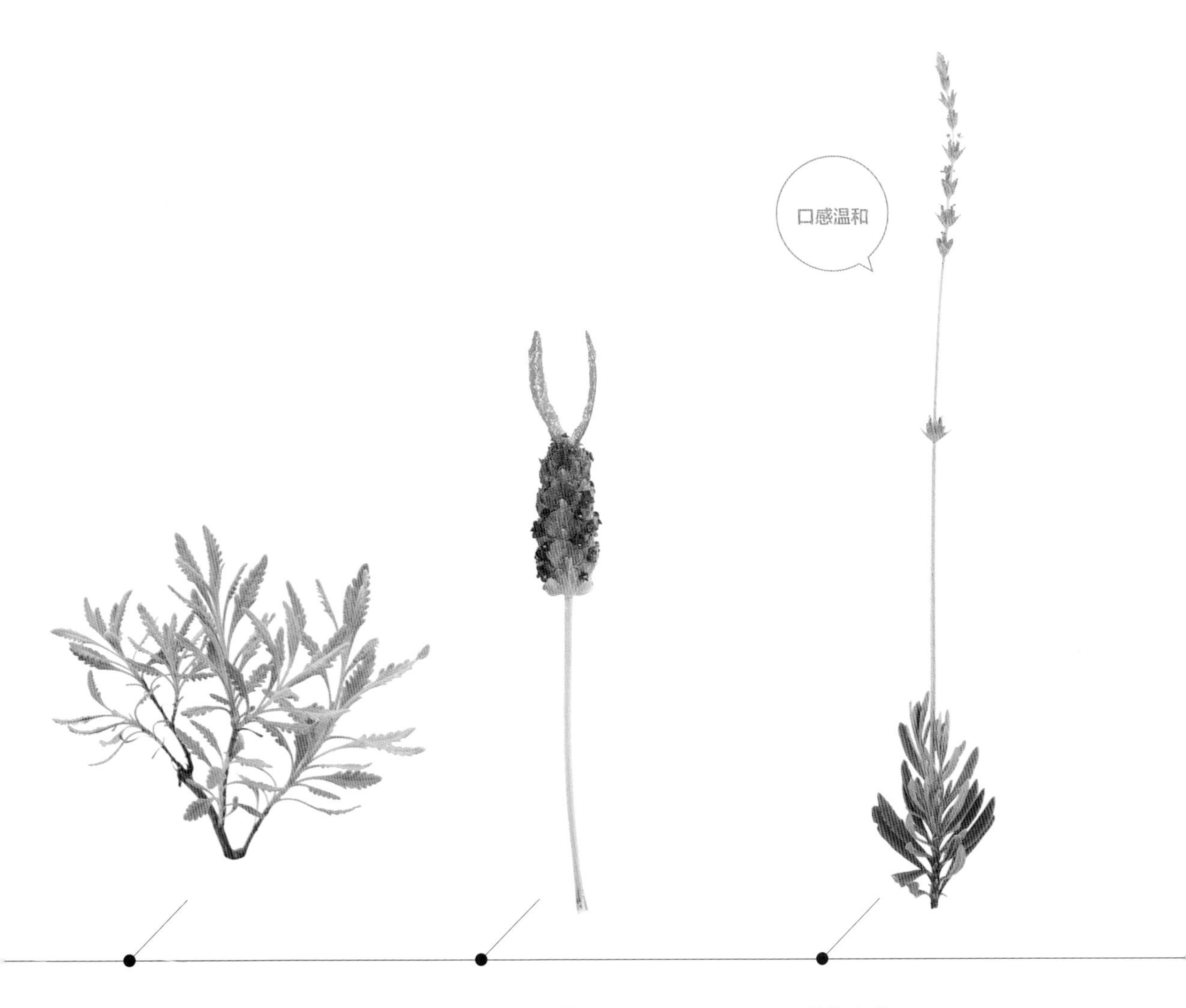

德瑞克薰衣草

虽然在台湾较不易开花，然而由于香气浓郁，口感极佳，也挺受香草同好喜爱。

法国薰衣草

兔耳朵外形的花卉部位，口感较为柔顺，适合刚开始尝试薰衣草茶饮的香草同好。

甜薰衣草

引进台湾已经超过20年的时间，早期薰衣草茶饮中经常使用的品种，口感温和。

常见的羽叶薰衣草，并不适合用以冲泡茶饮。

Q 薰衣草都可以喝吗？

薰衣草的原生品种有28～32种，衍生品种则高达400余种。大部分薰衣草皆可冲泡茶饮，但羽叶薰衣草与蕨叶薰衣草等的口感相当差，比较不适宜运用在香草茶饮中。

紫色印记薰衣草

香味浓郁，花深紫色，花量多，相当美丽。

普罗旺斯薰衣草

目前极受欢迎的薰衣草品种，开花性较强，可以冲泡花朵部位，增加视觉效果。

薰衣草在台湾的接受度高，运用于茶饮冲泡相当受欢迎。

薰衣草茶饮私房搭配推荐

☑ 单方 ☑ 复方

薰衣草茶饮在国外已经风行多年，台湾在20多年前虽有引进，但大都是以干燥花卉为主，由于口感过于浓郁，甚至带着苦涩，接受度较不高。自从笔者推荐新鲜薰衣草直接冲泡后，接受度很高，再加上与任何茶饮用的香草可以互相搭配，很适合居家栽种并直接采摘。

搭配 1 薰衣草＋迷迭香

薰衣草及迷迭香，几乎喜欢香草的同好居家都会栽种。适合亲朋好友来家中聚会时饮用，是一款极具亲和力的茶饮。

薰衣草
10厘米×3枝

迷迭香
10厘米×1枝

搭配 2 薰衣草＋德国洋甘菊＋香蜂草

在比较沁凉的冬、春之际，这三种香草生长状态极佳，由两位男主角搭配一位女主角，可以让我们感受春天美好的时光，并带来保温的效果。

薰衣草
10厘米×3枝

德国洋甘菊
10～15朵

香蜂草
10厘米×2枝

搭配 3 薰衣草＋柠檬百里香

薰衣草独特的香气，搭配上最受欢迎的柠檬百里香，可说是女性的最爱。特别是闺密相聚时，相当适合。尤其再加上自己烘焙的香草饼干，就成了最佳的下午茶。

薰衣草
10厘米 × 3枝

柠檬百里香
10厘米 × 3枝

搭配 4 薰衣草＋奥勒冈＋琉璃苣

相当具有视觉效果的一款茶饮，独特香气的薰衣草，搭配扎实口感的奥勒冈，再配合上美丽的琉璃苣花朵，可以与亲爱的家人一起度过美丽又温馨的时光。

薰衣草
10厘米 × 3枝

奥勒冈
10厘米 × 1枝

琉璃苣
3～5朵

Q 薰衣草可以助眠吗？

是的，因为薰衣草具有放松及纾压的效果，在国外通常在睡前，会搭配德国洋甘菊一起饮用。然而失眠的原因很多，特别是在心理方面，因此建议长期失眠人群，还是要请教合格的中西医师配合诊断，薰衣草只是有辅助作用而已，并不能将其当作特效药。长期失眠者应从日常生活习惯，以及基本层面加以治疗，这才是正确的方式。

搭配 5 薰衣草 + 奶茶

薰衣草奶茶是女性与小朋友的最爱，特别是在午餐过后的下午茶时光，加上精致的甜点，可说是绝配。另外，这款茶也非常适合在睡前1小时饮用，可解除一天的疲惫。

薰衣草
10厘米 × 3枝

奶茶
500毫升

其他搭配推荐

薰衣草 + 鼠尾草

薰衣草独特的香气，搭配特殊的鼠尾草厚实口感，非常适合饭后饮用。

薰衣草 + 紫罗兰

同为美丽紫色花朵的茶饮，除了薰衣草迷人的香气外，更增加了视觉效果。

鼠尾草

紫罗兰

Q 薰衣草可以做菜吗?

薰衣草可以衍生出许多芳香疗法的日常用品，也可以作为茶饮及烘焙的原料。但由于其香气独特，在国外比较少运用在烹调的方面。但是在香草束的制作方面，倒是可以和其他烹调用的食材，例如鼠尾草、欧芹、柠檬香茅等捆绑成一束，搭配肉骨一起熬煮，但不直接食用其枝叶。

薰衣草栽培重点

薰衣草是许多同好最喜欢的香草植物，然而到了夏季，常因高温多湿而枯萎，真是让人又爱又恨。建议新手可以在中秋节后播种或购买植株，其中又以齿叶薰衣草及甜薰衣草为佳，因为其在台湾已经驯化多年，较能适应台湾的气候与环境。

事项	春	夏	秋	冬	备注
日照环境	全日照	半日照	全日照	全日照	
供水排水	等土壤干燥再一次浇透，排水须良好				
土壤介质	富含石灰质的壤土生长较好				
肥料供应	追加氮肥		追加氮肥		入春开花期前添加海鸟磷肥
繁殖方法	可进行扦插		可进行扦插		播种、扦插，以扦插为主
病虫害防治	入夏前进行强剪以维持通风	适度遮阴，梅雨季节尽量不直接淋到雨水，盆器栽种可以移至屋檐下			勤于修剪与增加排水
其他	一旦薰衣草开花，也要加以修剪，可同时进行采收，并避免水分蒸发				

Q 薰衣草到了夏天就会枯萎，有什么解决的办法？

一般居家种植，不免会面临薰衣草、鼠尾草、百里香等香草植物，无法过夏的窘境。在此有三个建议：

1. 夏季经常会有高温多湿的状况，因此增加排水尤其重要，土壤务必等到即将干燥时再供水。
2. 勤于修剪，通常会在进入夏季前的梅雨季节期间，进行强剪。
3. 维持日照，不能因为高温就移到室内摆放。

最后就是平常心，有很多同好都曾经栽种薰衣草失败，请千万不要因此伤心或灰心。找出问题所在，选择合适的季节再栽种即可。

进入夏季，薰衣草经常因高温而枯萎。

中秋节后，薰衣草就会恢复生机。

唇形花科，多年生草本植物

薄荷 MINT

学名 / *Mentha spicata*

消除疲劳、助消化

口感与香气

薄荷具有薄荷脑成分，香气带特殊甘甜味，口感清凉，经常被添加在茶饮中，薄荷红茶更是耳熟能详的夏季清凉饮料，能消除暑气。

泡茶的部位

叶、花、茎皆可入茶饮，叶部位的精油产量最多，可直接采摘叶片加以使用。早期即是东西方国家使用最多的香草植物，在最受欢迎的青草茶中，也会添加。

采收季节与方式

一年四季都可采收，春季生长最好，采收的薄荷也最为香甜。采摘下来的枝条放入水瓶，可以保持较长的翠绿时间，建议可在早晨于阳台采摘，带进办公室插在水杯或小瓶，需要时再加以冲泡，随时享受薄荷的茶饮乐趣。

身心功效

清凉的香气与口感，能够提振精神、消除疲劳，此外也可以帮助消化，饭后饮用最为合适，胀气时饮用也有缓和的效果。

尤老师小提醒

薄荷很适合与其他茶饮用香草一起搭配冲泡。除了用80℃左右的热水冲泡外，直接使用冷开水也能泡出香醇的口感。要注意薄荷不宜过量，且尽量不要空腹饮用。

适合冲泡茶饮的品种

茶饮家族

薄荷可以为茶饮带来甘甜与清凉感，
可说是使用范围最广泛的茶饮香草。

瑞士薄荷

冲泡薄荷茶饮的基本款，香气适中，口感绝佳。

胡椒薄荷

独特的香气与口感，可创造新鲜茶饮的层次。

茉莉亚甜薄荷

具有极为甘甜的香气与口感，相当适合与其他男主角系列的茶饮香草搭配。

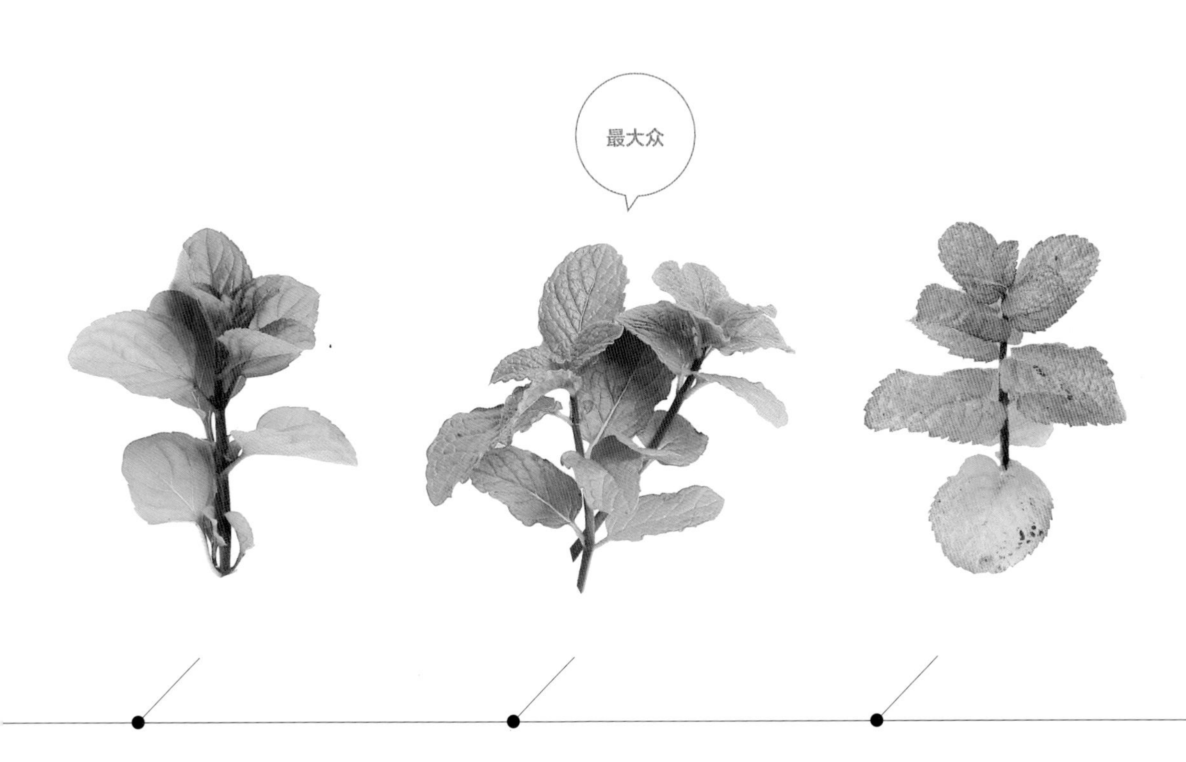

柳橙薄荷

清新的薄荷口感，再配上柳橙般的香气，单独冲泡就极具魅力。

荷兰薄荷（皱叶绿薄荷）

目前台湾最常见的薄荷品种，取得最为容易，香气与口感也最广为接受。

英国薄荷

拥有高级香气与口感的英国薄荷适合下午茶饮用，仿佛置身英国皇家贵族的聚会。

Q 薄荷种类很多，都适合泡茶吗？

不一定，例如普列薄荷，最主要是作为芳香草坪使用；属于姜味草属的罗马薄荷或科西嘉薄荷，主要是作为工业原料，都不适合用来泡茶。还有同为薄荷属的凤梨薄荷，茶饮的口感也不好。因此冲泡薄荷茶饮时，最好可以参考本书推荐的薄荷品种。

苏格兰薄荷

独特的香气与口感，非常适合女性爱好者。特别是搭配柠檬系列的女主角香草一起冲泡，充满异国风情。

葡萄柚薄荷

具有水果香气，适合与热带水果如凤梨、芒果等一起冲泡成好喝的花果茶。

薄荷茶饮 私房搭配推荐

☑ 单方 ☑ 复方

薄荷与日常生活息息相关，更可以加入茶饮中，创造饮茶的新风貌。
由于属于男主角系列，因此几乎所有的茶饮香草皆可与之搭配。

搭配 1 薄荷 + 欧芹

欧芹带有独特的果菜味，搭配口感极佳的薄荷，特别适合在饭后饮用，帮助消化。

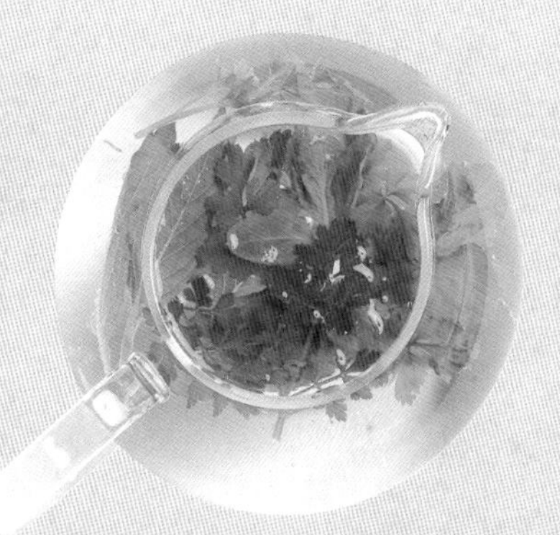

薄荷
10厘米 × 3枝

欧芹
10厘米 × 1枝

搭配 2 薄荷 + 百里香 + 迷迭香

两位男主角，再搭配一位配角，可以感受到茶汤的香醇。在吃完大鱼大肉后饮用，作为聚餐饭后茶饮，相当合适。

薄荷
10厘米 × 2枝

百里香
10厘米 × 2枝

迷迭香
10厘米 × 1枝

搭配 3　薄荷＋柠檬罗勒

薄荷清凉的口感，搭配柠檬罗勒特有的柠檬香气，很适合下午茶，搭配较为甜腻的糕点，让身心放松。

薄荷
10厘米×3枝

柠檬罗勒
10厘米×2枝

搭配 4　薄荷＋柠檬香茅＋德国洋甘菊

若说春天最适宜喝哪款新鲜香草茶，我会毫不犹豫地告诉大家：就是这款茶饮！还记得刚开始接触香草时，就是这款茶让我爱上新鲜香草茶。薄荷的甘甜，柠檬香茅的清香，再配合德国洋甘菊独特的苹果香气，简直是绝配！

薄荷
10厘米×3枝

柠檬香茅
10厘米×3枝

德国洋甘菊
10～15朵

Q　薄荷喝多了会对身体不好吗?

传统上，东方国家总是有个错误观念，认为薄荷会造成男性性功能的障碍，其实是多虑了，薄荷只是带有清凉的香气与口感，并不会造成这方面的影响。但是由于薄荷会加速胃肠蠕动，所以空腹时切记要尽量避免饮用，饭后则大大推荐。另外，薄荷的品种很多，部分可以彼此更换饮用。

搭配 5 薄荷 + 红茶

居家最方便，且马上就能冲泡饮用，甚至在外面的手摇饮店里，也有这款茶饮，解油腻、帮助消化，最适合饭后饮用。

薄荷
10厘米 × 3枝

红茶
500毫升

其他搭配推荐

薄荷 + 紫锥花

带着薄荷的甘甜与紫锥花的优雅，在夏季的午后，可以有效驱除暑气。

薄荷 + 鼠尾草

薄荷还有杀菌及预防感冒的效果，搭配鼠尾草更可以加分。

紫锥花

鼠尾草

Q 巧克力薄荷真的有巧克力的香气吗？

巧克力薄荷，主要是因为叶片呈现巧克力色而得名，并不是由于香气接近巧克力。它是胡椒薄荷的近缘品种，彼此间可互相替换。不过，“巧克力”的名称，倒是能引起小朋友的注意，给小朋友饮用新鲜香草茶时，不妨添加这款薄荷品种，相信可以激起小朋友的兴趣。

薄荷 栽培重点

在香草植物中，薄荷的种类最多。新手栽培香草植物时，我都会建议从薄荷开始，一来是由于它属于多年生香草，二来繁殖方式非常多，举凡扦插、压条、分株或播种皆适宜。一年四季都可栽种及采收，其中以春、秋两季生长最好。

事项	春	夏	秋	冬	备注
日照环境	全日照	半日照	全日照	全日照	
供水排水	喜爱较潮湿的环境，但排水须顺畅				
土壤介质	一般培养土或壤土				
肥料供应		入秋前追加有机氮肥		入春前追加有机氮肥	
繁殖方法	播种、扦插	开花期前大量修剪	可进行扦插		播种、扦插、压条、分株
病虫害防治	春夏之际，特别在梅雨季节病虫害较多，如蝗虫、蚱蜢、蜗牛等。最好在巡视时顺带捕抓，或是用葵无露、蒜醋水等加以驱赶			15℃以下生长较差，加以修剪采摘，春季会生长更好	由于病虫害集中在春、夏，也可以通过大量修剪来解决
其他					

Q 薄荷为什么不适合与其他香草合植?

薄荷的地下茎生长快速，很容易匍匐生长，加上需水性较强，与其他香草进行合植时，往往会抢夺水分及养分。另外，薄荷很容易杂交变种。建议可单独种植一区，或是栽培在长条盆中，以方便管理。但是比较直立性的品种，如荷兰薄荷、瑞士薄荷可以例外。

Q 为什么薄荷一到冬天经常会枯萎?

薄荷虽说是属于多年生的香草，但由于冬季属于薄荷的衰弱期，地上部位的叶、茎经常会有枯萎的现象。此时切记千万不要丢弃或是整株挖起，因为到了气候较为暖和的春季，它会再重新萌芽并长出新叶。

薄荷的地下茎生长快速。

薄荷是最具代表性的香草，通过栽种薄荷，
可以清楚了解香草植物的生长周期。

菊科，罗马洋甘菊为多年生草本植物，德国洋甘菊为一年生草本植物

洋甘菊 GERMAN CHAMOMILE

学名 / *Matricaria recutita*

保温、预防感冒

口感与香气

含有甜没药醇的精油成分，且精油带有天蓝胫。香气如苹果般芬芳，具有甘甜的口感。相当适合女性与小朋友饮用。

泡茶的部位

以花卉为主。开花期最早从11月开始，集中在每年的3～5月，是春季的代表性花卉。罗马洋甘菊在台湾较不易开花，其叶片虽具苹果香气，但冲泡起来口感较不佳。

采收季节与方式

在每年的3～5月，德国洋甘菊会大量开花，可直接采摘新鲜的花朵加以冲泡，特别是刚开花时香气最为芳醇。虽然可以干燥保存，然而在香气及口感上，还是新鲜的德国洋甘菊花朵最佳。

身心功效

洋甘菊具有保温的效果，特别是在春季天气较为多变的时节，可以预防感冒，且有强身的效用。另外，也可以保护胃肠。非常适合在饭后、睡前加以饮用，对身体有很大帮助。

check **尤老师小提醒**

在国外，几乎家家户户都会栽种洋甘菊，一年生的德国洋甘菊主要作为茶饮使用，多年生的罗马洋甘菊则应用于芳香草坪及精油萃取。属性相当温和，加上较无禁忌，因此可说是男主角中最温和的茶饮香草，只是受限于季节因素，无法全年使用。

适合冲泡茶饮的品种

茶饮家族

菊科的香草植物可以入茶的种类很多，
其中以洋甘菊系列最具代表性。

德国洋甘菊

花朵充满苹果香气，属于一年生，入夏前会枯萎，可在每年中秋节左右播种。

罗马洋甘菊（花）

叶片虽具香气，然而泡茶还是在花卉部分，冬天温度较低，隔年春天才会开花。

Q 罗马洋甘菊的叶片可以冲泡茶饮吗?

有关洋甘菊的部分，在国外都是使用其花卉，并没有用罗马洋甘菊的叶片来冲泡茶饮的。虽说其叶片带有苹果香气，然而较花卉而言，其口感不佳。

洋甘菊茶饮 私房搭配推荐

☑ 单方 ☑ 复方

金黄与白色的花朵，散发甘甜的苹果香气，协调性很好，与任何茶饮用香草冲泡起来，都非常好喝。

搭配 1 德国洋甘菊 + 玫瑰天竺葵

德国洋甘菊和玫瑰天竺葵，都是春季生机盎然的香草植物，两相搭配，香气芳醇，口感极佳，可说是大自然春天的恩典。

德国洋甘菊
10～15朵

玫瑰天竺葵
10厘米 × 2枝

搭配 2 德国洋甘菊 + 甜罗勒 + 柠檬天竺葵

珍贵的德国洋甘菊花朵，搭配甜罗勒的厚实口感，再加入带有柠檬香气的天竺葵，可使茶汤多层次呈现。最适宜在春天午后饮用，若是搭配些咸味小饼干也很棒。

德国洋甘菊
10～15朵

甜罗勒
10厘米 × 1枝

柠檬天竺葵
10厘米 × 1枝

搭配 3 德国洋甘菊＋柠檬马鞭草

受女性喜爱的柠檬马鞭草，具有保护胃肠的功效，搭配德国洋甘菊的保温效果，还可以驱除冬春之际的寒凉，带来温暖。

德国洋甘菊
10～15朵

柠檬马鞭草
10厘米×2枝

搭配 4 德国洋甘菊＋薰衣草＋百里香

完全的男主角茶饮组合，彼此的香气特征明显。适合在倦累的时候饮用，更能彰显消除疲劳的效果。

德国洋甘菊
10～15朵

薰衣草
10厘米×2枝

百里香
10厘米×2枝

Q 德国洋甘菊的花如何采收？可以干燥吗？

德国洋甘菊属一年生香草，仅仅在冬春之际开花，一旦丰收，花卉数量很多，无法一时喝完，可以在开花时加以采摘，收集后放在筛子中阴干，然后放入消毒过的密封罐，置于冰箱保存。如此，就算是在炎热的夏季，也可以品尝到德国洋甘菊的滋味了。然而干燥后，甘甜度会消失，冲泡的茶饮通常香气会过于浓郁，口感较差，此时建议可以少量添加。

搭配 5 德国洋甘菊 + 牛奶

在欧美的家庭，睡前会喝一杯热腾腾的牛奶，来帮助睡眠。特别是在寒冷的冬春之际。总是会再添加一些洋甘菊，除了增加牛奶的香气，更有保温的效果，令人身心放松，一觉好眠到天明。

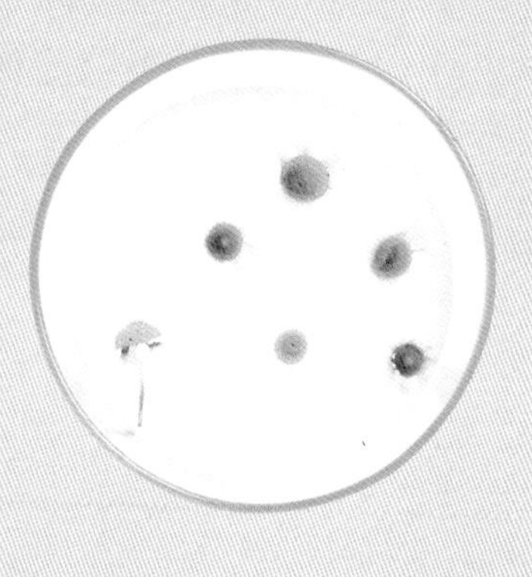

德国洋甘菊
10～15朵

牛奶
300毫升

其他搭配推荐

洋甘菊 + 柠檬香蜂草

同属保温祛寒功效的两种香草，相得益彰，相辅相成。

洋甘菊 + 香堇菜

同为春天开花的香草植物，两种花卉点缀茶汤，相当具有魅力。

柠檬香蜂草

香堇菜

Q 在国外有黄色花瓣的黄花洋甘菊，为什么在台湾好像比较少见?

在国外常见的黄花洋甘菊，目前尚未引进台湾。这种花主要是作为染色用，并不会添加入茶饮。另外，罗马洋甘菊也有复瓣的品种，也尚未引进台湾，因为它们耐寒性强，在台湾栽培较不易。然而由于香草植物目前相当风行，假以时日，或许可在台湾发现其踪迹。

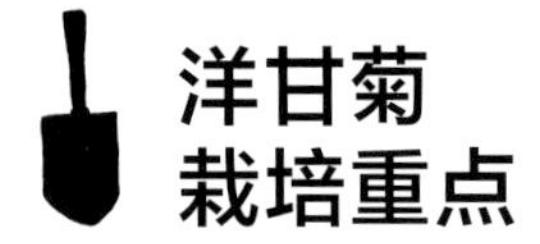

洋甘菊栽培重点

台湾的气候与环境，非常适合德国洋甘菊的生长，3~5月开满金黄与白色的花朵，是香草花园中春天必种的香草品种。罗马洋甘菊在台湾较不容易开花，一般是用在庭院，作为芳香草坪，躺卧在其中，可以感受“大地的苹果”的温暖怀抱。

事项	春	夏	秋	冬	备注
日照环境	全日照		全日照	全日照	
供水排水	若使用市面上贩售的培养土，除了原有的泥炭土，最好能再添加椰纤来增加排水性				尽量避免土壤过湿
土壤介质	以排水性好、保水性佳、通气性强的沙质性壤土最合适				
肥料供应	添加氮肥			添加氮肥	冬春之际开花期前可添加海鸟磷肥
繁殖方法	尽量摘蕾		中秋节后进行播种	移植及定植	
病虫害防治	入春易有蚜虫，喷洒葵无露或是蒜醋水	不易过夏			
其他	罗马洋甘菊虽然是多年生草本植物，但在台湾也几乎无法过夏				

Q 洋甘菊为什么到夏天就会枯萎？

无论是一年生的德国洋甘菊，还是多年生的罗马洋甘菊，在台湾几乎都不容易过夏。德国洋甘菊遇到梅雨季节，叶片就会开始枯黄，入夏之前则会正常地完全枯萎。至于罗马洋甘菊也会因夏季高温多湿出现烂根现象，而无法顺利过夏。因此，栽种洋甘菊要以平常心面对，每年都要有重新种植的心理准备。

Q 洋甘菊经常会叶片枯黄，该如何处置呢？

入春后，德国洋甘菊往往会因为蚜虫肆虐，使得尚未开花，叶片就会渐渐枯黄，最后完全枯萎。由于蚜虫是“蚂蚁的乳牛”，一旦发现植株周遭蚂蚁变多，就可能会有蚜虫产生，因此在入春之后，尽量每周喷洒葵无露或是蒜醋水来加以防治。另外，也要尽量避免土壤过湿，并保持良好的通风，经常修剪枯黄的叶子，就会顺利开出花来。

具有柠檬醛等化学成分，
带柠檬香气，
建议彼此不要互相添加，
以免影响香草茶的口感。

女主角

带有柠檬香气，彼此不建议互搭

香草植物在台湾已经发展20多年，近年来逐渐崭露头角，广受欢迎。香草植物如今常见于台湾各大苗圃及花市，特别是柠檬系的香草，也就是含有柠檬酸、柠檬醛或柠檬酚成分的香草植物，更占有极重要的角色，很受女性喜爱，所以总称之为“女主角”。

在一部电影中，女主角绝对是最吸引观众目光的，正如柠檬系香草在香草茶饮中的地位；而且，女主角最好一位就够了，否则会彼此抢戏。本书中列举了六位女主角香草，让我们一一为您介绍。

柠檬香蜂草
Lemon Balm
柠檬马鞭草
Lemon Verbena
柠檬香茅
Lemon Grass
柠檬罗勒
Lemon Basil
柠檬天竺葵
Lemon Geranium
柠檬百里香
Lemon Thyme

唇形花科，多年生草本植物

柠檬香蜂草 LEMON BALM

学名 / *Melissa officinalis*

增加免疫力、利尿

口感与香气

柠檬香蜂草可直接称为“香蜂草”，带有极重的柠檬香气，口感则相当温和。外形与薄荷类似，香气与口感则大为不同。

泡茶的部位

叶、茎皆可直接泡茶，由于台湾的气候条件，香蜂草并不会开花。在国外也会将花卉部位加入茶饮。叶片较大，且经常有枯黄现象，冲泡茶饮还是以新鲜的绿嫩叶为主。

采收季节与方式

全年皆可采收，唯独夏季会因为高温多湿，生长状态较差。采收时可从顶端算起，从约10厘米的芽点位置剪下，用清水漂洗后即可冲泡。

身心功效

香蜂草在世界上许多地区都是运用极为广泛的保健香草。除了增加免疫力，强健身体，还有利尿、助消化等功效。

尤老师小提醒

可在享用完早餐后，到阳台或庭院直接采摘新鲜的柠檬香蜂草叶，加以冲泡，为一天带来活力。经常采摘，也顺带进行修剪，它会生长得更好。在冲泡方面，热水不宜超过80℃，否则叶片容易发黑，色泽也会不够美丽。

柠檬香蜂草茶饮 私房搭配推荐

☑ 单方 ☑ 复方

柠檬香蜂草在所有女主角系列中，非常适合单独冲泡，在国内，甚至还有干燥起来做成即溶茶包的。然而若是与男主角系列的香草一起合泡，也很合适，是女主角系列香草中挺受欢迎的品种。

搭配 1 柠檬香蜂草 + 紫罗兰

金黄色茶汤的柠檬香蜂草，搭配紫色花卉的紫罗兰，不但香气令人放松，视觉上也达到了唯美的境界。

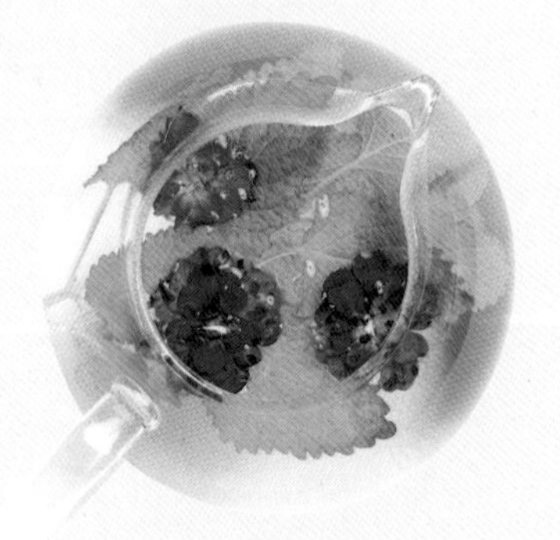

柠檬香蜂草
10厘米 × 3枝

紫罗兰
5～8朵

搭配 2 柠檬香蜂草 + 百里香 + 薰衣草

最佳女主角搭配好喝的两位男主角，无论是在口感还是整体的协调方面，都能创造出茶饮的乐趣。特别是在寒冷的季节，可以达到预防感冒及保温的效果。

柠檬香蜂草
10厘米 × 2枝

百里香
10厘米 × 3枝

薰衣草
10厘米 × 2枝

Q 檬香蜂草有一种金黄色叶片的，同样也可以冲泡成茶饮吗？

这款香蜂草，称之为“黄金香蜂草”，金黄色的叶片，非常讨喜。当时引进台湾，主要是作为观赏用，也就是园艺造景的价值比较高。同样具有柠檬香气，可以运用在茶饮，只是在口感上，较一般香蜂草来得差。

搭配 3 柠檬香蜂草 + 迷迭香

在早晨上班或上学之前，总是要先享用一顿美好的早餐，用完餐后，很适合泡上一杯这两种香草的复方茶，以提振精神。也可以在午餐后饮用，让整个下午精神饱满。

柠檬香蜂草
10厘米 × 3枝

迷迭香
10厘米 × 1枝

搭配 4 柠檬香蜂草 + 薄荷 + 鼠尾草

清新的柠檬香蜂草，搭配清凉帮助消化的薄荷，再加上具有强壮效果的鼠尾草，最适宜在精神不振时饮用。

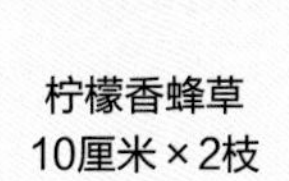

柠檬香蜂草 10厘米 × 2枝　薄荷 10厘米 × 2枝　鼠尾草 10厘米 × 1枝

搭配 5 柠檬香蜂草＋苹果汁

苹果汁含有丰富的营养素，配上柠檬香蜂草，可说是相得益彰。在与亲密的好友或家人聚会时一起饮用，可作为最好的情感润滑剂。

柠檬香蜂草
10厘米×3枝

苹果汁
300毫升

其他搭配推荐

柠檬香蜂草＋德国洋甘菊

男女主角的搭配，像是在春天谱下爱的恋曲，香气口感兼备。

柠檬香蜂草＋天使蔷薇

柠檬香蜂草搭配漂亮的花旦，满足了我们在视觉、味觉、嗅觉的三重享受。

德国洋甘菊

天使蔷薇

Q 柠檬香蜂草不是薄荷的一个种类吗？

柠檬香蜂草的外形类似薄荷，甚至有“柠檬香水薄荷”的别名。两者虽同为唇形花科，但并不同属。仔细对照叶片，薄荷多为椭圆或圆叶，叶缘平滑；香蜂草则是卵状，并带有锯齿。另外，再补充一点，在薄荷众多的品种中，并没有“柠檬薄荷”这品种。薄荷与香蜂草在春季生长良好，冬季是薄荷的衰弱期，而香蜂草的衰弱期则是在夏季。

柠檬香蜂草栽培重点

栽种香蜂草，重点是要勤加修剪。当我们从幼株开始种起，先进行一波修剪，会让其再萌生出新芽。待根部盘绕稳固时，更要进行换盆，也就是从3英寸[①]盆移植到5英寸盆，若是能露天种植，可在中秋节过后进行定植。

事项	春	夏	秋	冬	备注
日照环境	全日照	半日照	全日照	全日照	
供水排水	性喜湿润土壤				
土壤介质	一般培养土或壤土皆可				
肥料供应	入春生长快速时，可添加有机氮肥				扦插期不需施肥
繁殖方法	扦插		扦插		
病虫害防治	进入夏季之前进行强剪	高温多湿容易发生叶片水伤、枯黑	中秋节过后恢复良好生长		春夏之际虫害较多，可采用有机法防治
其他	进行扦插时，由于叶片较大，剪下约 5 ~ 10 厘米的叶枝时，叶片部分最好剪掉约 2/3，入土前也要在枝条最底部剪出斜面，以帮助发根				

① 1 英寸 =2.54 厘米

马鞭草科，多年生草本植物

柠檬马鞭草

LEMON VERBENA

学名 / *Aloysia triphylla*

清热、利尿、强身

口感与香气

柠檬马鞭草的柠檬香气清淡优雅，所以非常受欢迎。再加上口感非常好，很适合与男主角或配角的茶饮香草一起冲泡。

泡茶的部位

主要是采摘新鲜的嫩叶，枝条也可以冲泡，但是茎会木质化，所以尽量以嫩枝为主。柠檬马鞭草在每年秋初会开出乳白色的花朵，也可同时加入茶饮。

采收季节与方式

春、夏、秋三季，柠檬马鞭草生长最好，此时节采摘下来的嫩叶，香气最为芳醇。可在植株的芽点上方修剪下来即可，同时也能促进其再萌发新芽。

身心功效

在国外经常被使用于身心护理方面，具有清热、利尿、强身等功效，还有帮助消化及镇静作用。属于保健用的香草。

check 尤老师小提醒

由于柠檬马鞭草具有通经作用，怀孕期间避免大量饮用。除了运用在茶饮中，新鲜的嫩叶也可以搭配鸡肉或鱼类食材一起烹调。

柠檬马鞭草茶饮 私房搭配推荐 ☑ 单方 ☑ 复方

柠檬马鞭草可说是最受欢迎的茶饮香草，市面上干燥的马鞭草，其香气、口感比较不佳，近年来大都以新鲜柠檬马鞭草直接冲泡。目前台湾的各大西式餐厅，多以它作为冲泡茶饮的香草。

搭配 1　柠檬马鞭草 + 天使蔷薇

柠檬马鞭草的柠檬香气，搭配天使蔷薇的花朵，无论是香气、口感还是视觉效果上，都有加分的效果。

柠檬马鞭草
10厘米 × 3枝

天使蔷薇
10～12朵

搭配 2　柠檬马鞭草 + 百里香 + 德国洋甘菊

春天百花盛开，柠檬马鞭草宜人的柠檬香气，搭配百里香的厚实口感，加上德国洋甘菊的苹果香。果香、花香融在一起，最适合春日饮用。

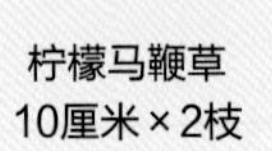

柠檬马鞭草
10厘米 × 2枝

百里香
10厘米 × 2枝

德国洋甘菊
10～15朵

Q 柠檬马鞭草适合与其他柠檬系的女主角香草一起冲泡吗？

由于柠檬系列的女主角茶饮香草，同时都具有柠檬香气，如果彼此搭配在一起冲泡，会造成香气及口感上混淆，因此不建议一起冲泡。若要让茶饮具有层次感，最好搭配男主角或配角一起来冲泡。

搭配 3 柠檬马鞭草 + 奥勒冈

奥勒冈具有丰富的营养价值，柠檬马鞭草和奥勒冈的复方茶，最适合在酷热的夏天饮用，若是加上冰块，更能达到消暑的功能。

柠檬马鞭草
10厘米 × 3枝

奥勒冈
10厘米 × 1枝

搭配 4 柠檬马鞭草 + 薰衣草 + 迷迭香

这款复方茶中的男、女主角，都是最受欢迎的香草植物，并且可以借由自己栽种而取得。再加上许多人都有种植的配角茶饮香草：迷迭香，香气与口感兼具，最适合饭后饮用。

柠檬马鞭草
10厘米 × 2枝

薰衣草
10厘米 × 2枝

迷迭香
10厘米 × 1枝

搭配5 柠檬马鞭草＋绿茶

我经常在茶饮教学的课程中，冲泡这款茶饮，总是得到许多好评。因为材料取得容易，当亲朋好友来家中拜访时，可以马上冲泡一起享用。

柠檬马鞭草
10厘米×3枝

绿茶
300毫升

其他搭配推荐

柠檬马鞭草＋向日葵

适合在夏天向日葵开花的时节饮用，视觉效果百分百。

柠檬马鞭草＋鼠尾草

鼠尾草也一样具有帮助消化的效果，非常适合饭后饮用。

向日葵

鼠尾草

Q 柠檬马鞭草除了泡茶以外，还有其他运用吗？

新鲜叶片可以直接装进布包，放入浴缸内，再加以全身浴，会有保温效果。或将叶片干燥后，塞入枕头之中，制作成香草枕头，可帮助睡眠。也能提炼成精油，运用在芳香、美容等方面。

柠檬马鞭草 栽培重点

马鞭草科的植物有许多品种，其中在香草植物里最具代表性的就是柠檬马鞭草。由于外形相当讨喜，又有极佳的柠檬香气，因此非常受女性喜爱。可以在春天选购幼苗开始栽种，露天栽培或盆器栽培皆可。

事项	春	夏	秋	冬	备注
日照环境	全日照	全日照	全日照	全日照	
供水排水	排水顺畅，比较喜欢微微干燥的环境，应避免根部过于潮湿				
土壤介质	喜欢干燥且肥沃的土壤				
肥料供应	追加氮肥		追加氮肥		
繁殖方法	播种、扦插	扦插			播种与扦插为主，扦插发根率较不高
病虫害防治	修剪后施予含有氮素的有机肥		修剪后施予含有氮素的有机肥	叶片易枯黄，可将枯叶部位加以修剪	病虫害并不严重
其他	除了冬季适应力较弱外，其他季节皆生长良好				

禾本科，多年生草本植物

柠檬香茅

LEMON GRASS

学名 / *Cymbopogon citratus*

消暑、促进食欲

口感与香气

柠檬香茅带着浓郁的芬芳香气。在台湾相当受欢迎，台湾南部甚至还有柠檬香茅火锅的专卖店，是口感接受度非常高的女主角香草。其温和的口感也非常适合运用在新鲜茶饮中。

泡茶的部位

柠檬香茅属于根出叶型的香草，茎短缩，茎部通常会切成段状，用于烹调，但在泡茶方面，主要是使用长叶，剪成10厘米左右的长度。另外，柠檬香茅也会开花，但通常不会利用此部位。

采收季节与方式

全年可采收，在季节上，从春入夏的新叶期，香气最为芳醇。但冬季状况比较差，要避免使用枯黄的叶片。可以在春、夏、秋三个生长较好的季节，修剪叶片，加以干燥保存，然而还是以新鲜叶片冲泡的茶饮最为好喝。

身心功效

在高温的夏季，可以运用柠檬香茅冲泡茶饮，具有帮助消化、消暑的功效，另外也能促进食欲。虽说外形比较不讨喜，但在许多东南亚国家，柠檬香茅被视为解暑最佳的茶饮。

尤老师小提醒

柠檬香茅的外形与芒草类似，因此首先要确认其柠檬香气。若是大量采收，最好戴上手套，以防止手指被叶缘割伤。柠檬香茅具有较多柠檬醛成分，所以冲泡茶饮尽量避免大量使用，否则会有轻微的不适感。

柠檬香茅茶饮 私房搭配推荐

☑ 单方 ☑ 复方

柠檬香茅比较适合复方茶饮，与男主角系列的香草非常搭配。我早期是在恒春开始种植香草植物。当年春天，除了柠檬香茅长新叶外，德国洋甘菊也适时地开出花来，再加上也同时开花的薰衣草，这三种香草的复方茶，能帮助消化，驱除寒意，是我认为春天最具代表性的茶饮。

搭配 1 柠檬香茅＋金银花

金银花具有祛毒解热的效果，与消除暑意的柠檬香茅非常搭，适合在高温多湿的夏季冲泡饮用。

柠檬香茅
10厘米×3片

金银花
10～15朵

搭配 2 柠檬香茅＋德国洋甘菊＋薰衣草

与男主角系列香草相当搭配的柠檬香茅，可有效地帮助消化，建议可以在餐后冲泡饮用，同时也有消除疲劳的效果。

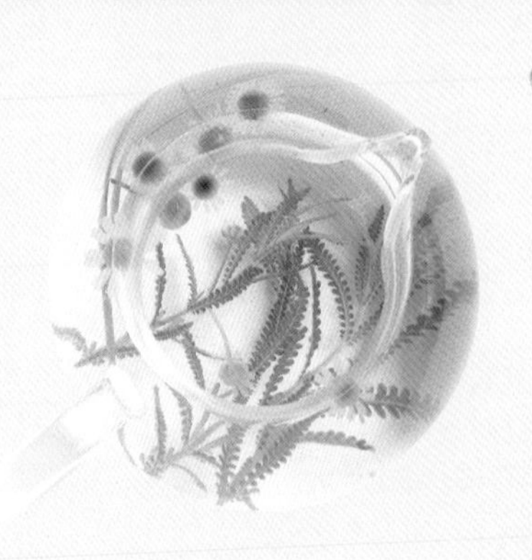

柠檬香茅
10厘米×2片

德国洋甘菊
10～15朵

薰衣草
10厘米×2枝

Q 柠檬香茅可以和甜菊糖一起冲泡吗?

可以，甜菊糖作为代糖，比较适合糖尿病患者使用。但一般冲泡香草茶，通常不会添加太多甜菊糖或是不添加，过多的甜菊糖会导致茶汤的口感不佳。

搭配 3 柠檬香茅＋甜罗勒

通常在夏季，容易因高温而造成食欲不振，此时可在餐前喝柠檬香茅与甜罗勒的复方茶，增进食欲。

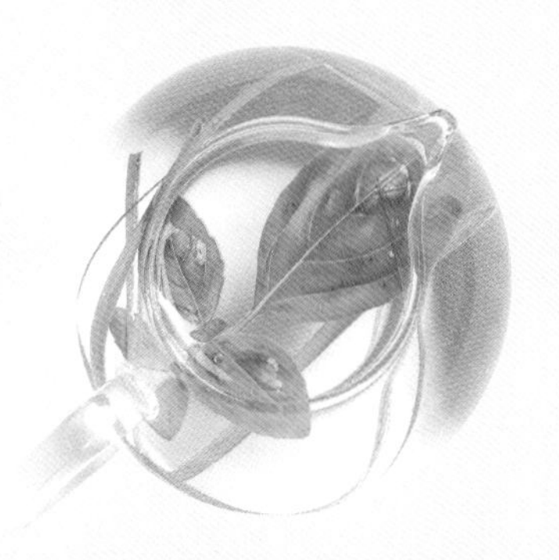

柠檬香茅
10厘米×3片

甜罗勒
10厘米×1枝

搭配 4 柠檬香茅＋百里香＋玫瑰天竺葵

女主角搭配男主角与配角，可说是完美的组合。百里香能够预防感冒，玫瑰天竺葵具有杀菌效果，很适合在季节转换之际饮用。

柠檬香茅
10厘米×3片

百里香
10厘米×3枝

玫瑰天竺葵
10厘米×1枝

柠檬香茅＋红豆汤

熬煮红豆汤的同时，试试加入柠檬香茅叶。剪下3片约10厘米的柠檬香茅叶，或是直接将30厘米左右的叶片卷起，放入锅中，记得起锅后，要将柠檬香茅取出，就会变成更好喝的红豆汤。

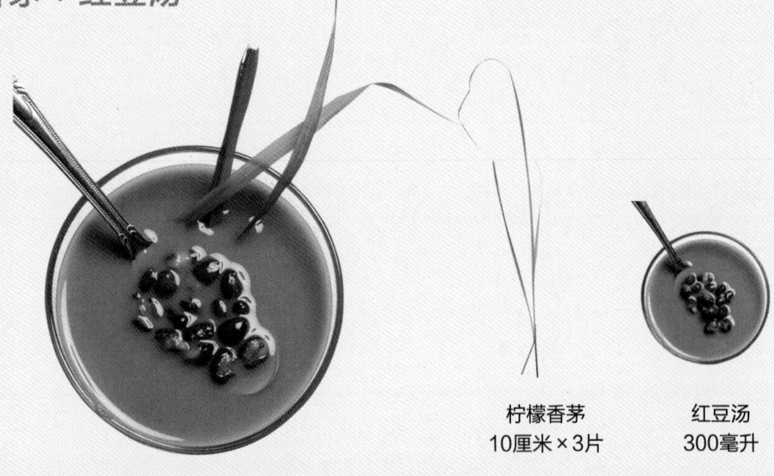

柠檬香茅
10厘米×3片

红豆汤
300毫升

其他搭配推荐

柠檬香茅＋欧芹

柠檬香茅与料理用的香草一起冲泡，通常会有促进食欲的效果，相当值得推荐。

柠檬香茅＋紫锥花

平凡的柠檬香茅叶片，搭配美丽的紫锥花，可增加茶饮的无限乐趣。

欧芹

紫锥花

Q 柠檬香茅适合在冬天饮用吗？

非常适合，但由于在冬天生长缓慢，甚至常有黄叶的现象，此时通常会以柠檬香蜂草为代替。另外，柠檬香茅也可以跟烹调用的香草作为香草束，加入到火锅或是高汤中，香气清淡雅致。

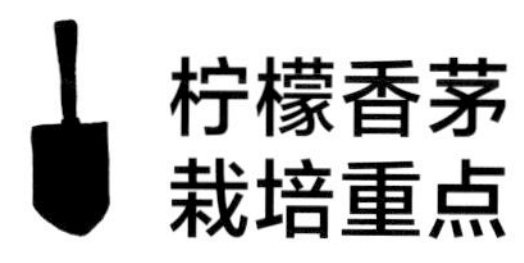

柠檬香茅
栽培重点

柠檬香茅耐寒性低，相对耐暑性高，很适合春夏之际开始从幼苗种起，直到中秋节过后，便进行分株繁殖，若是能地植生长会更加旺盛，特别是选择黏质壤土中定植，最为合适。

事项	春	夏	秋	冬	备注
日照环境	全日照	全日照	全日照	全日照	性喜高温
供水排水	兼顾保水及排水性				
土壤介质	黏质壤土最为合适 适合露天种植				
肥料供应	春季时添加氮肥 帮助生长		追加氮肥		
繁殖方法	5～6月开始种植幼苗		分株		播种与扦插为主，扦插发根率较不高
病虫害防治		夏季生长良好，要适时加以采收		耐寒性低，修剪枯黄叶	甚少病虫害
其他	台湾北部山区冬天容易枯萎				

唇形花科，一年生草本植物

柠檬罗勒

LEMON BASIL

学名 / *Ocimum americanum 'Lemon'*

健胃、整肠

口感与香气

柠檬罗勒带有罗勒属独特的香气，特征明显，加上柠檬的香气，整体显得非常协调。搭配其他茶饮用香草时，更能显现其特征，饮用非常顺口。单独冲泡的香气与口感也非常芳醇与柔和。

泡茶的部位

柠檬罗勒的嫩叶及嫩枝都可以加以冲泡，量不宜过多，否则会有辛辣感。夏秋之际为开花期，花卉部位可以直接使用，加入茶饮，香气会更加浓郁。而且也可以顺便摘蕾，以维持植栽养分，使它生长更为茁壮。

采收季节与方式

春、夏、秋三个季节，柠檬罗勒生长最为旺盛，可在此时进行采收并摘蕾。到了冬季，则会渐渐枯萎。由于它是一年生的香草，必须在每年春季进行播种。

身心功效

柠檬罗勒适合饭后饮用，有健胃、整肠功效。在炎热的夏季还有消暑的作用，独特的柠檬香气可以提神。另外也兼具开胃、强身作用。

尤老师小提醒

柠檬罗勒尤其适合饭后或餐前饮用，但比较适合少量饮用，在炎热的夏季冲泡也很合适。

柠檬罗勒茶饮私房搭配推荐

☑ 单方 ☑ 复方

柠檬罗勒在整个罗勒属中，属于比较特别的品种，独特的辛辣感，比较适合与其他男主角或配角的茶饮香草一起冲泡。特别是薄荷类的清凉口感，是绝佳的搭配。

搭配1 柠檬罗勒＋接骨木花

在接骨木开花的时节，可以采摘花朵搭配柠檬罗勒，口感扎实，在疲倦时喝上一杯，可立即消除疲劳。

柠檬罗勒 10厘米×3枝

接骨木花 1～3朵

搭配2 柠檬罗勒＋柳橙薄荷＋甜薰衣草

在女主角茶饮系列中，柠檬罗勒最适合与男主角搭配。由于其本身也兼具配角罗勒的香气，可让茶汤显现出层次感，适合在饭后加以饮用。

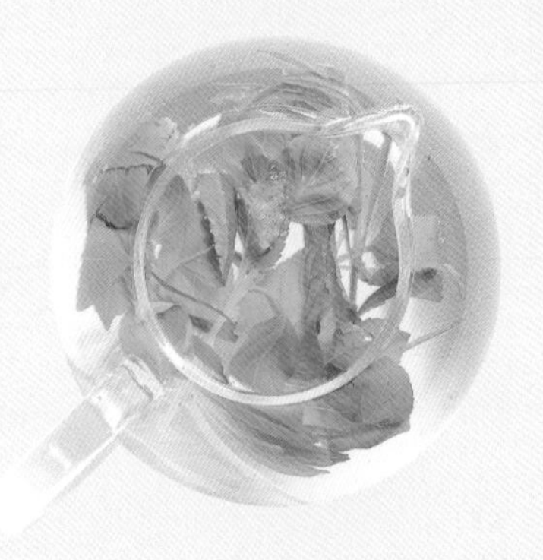

柠檬罗勒 10厘米×2枝

柳橙薄荷 10厘米×2枝

甜薰衣草 10厘米×2枝

Q 柠檬罗勒跟其他女主角香草相比有何特色?

一般而言，其他的柠檬系香草，大都是纯粹的柠檬香气，所以口感会比较清淡。柠檬罗勒则兼具了罗勒的香气与口感，所以冲泡起来香气会比较浓郁，口感兼具女主角和配角的特色。

搭配 3 柠檬罗勒 + 玫瑰天竺葵

清新柠檬的香气，搭配玫瑰的花香，创造出和谐的季节感。最适合春暖花开或是春夏之际冲泡，重点是量不宜过多，且适合饭后饮用。

柠檬罗勒
10厘米 × 3枝

玫瑰天竺葵
10厘米 × 1枝

搭配 4 柠檬罗勒 + 薄荷 + 欧芹

柠檬罗勒的香气，搭配薄荷的清凉感，以及欧芹独特的蔬菜香，很适合在饭前饮用，能帮助开胃。

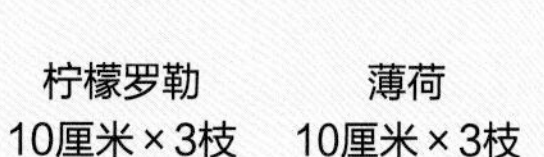

柠檬罗勒
10厘米 × 3枝

薄荷
10厘米 × 3枝

欧芹
10厘米 × 1枝

搭配 5 柠檬罗勒＋绿豆汤

可以添加入绿豆汤的香草很多，如芸香、香兰等，其中以添加柠檬罗勒最为独特，除了提升绿豆汤的甘甜口感，更增加迷人香气。

柠檬罗勒
10厘米×3枝

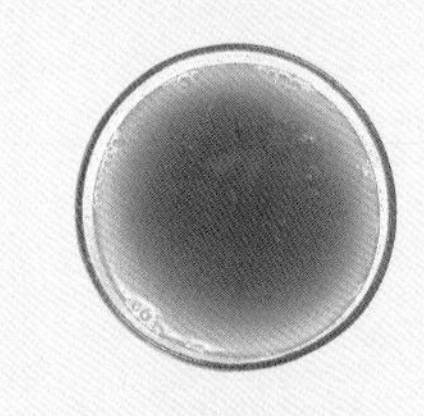

绿豆汤
300毫升

其他搭配推荐

柠檬罗勒＋天使蔷薇

天使蔷薇带来美丽的视觉效果，特别是春夏之际或是夏秋之际，配合花期最为合适。

柠檬罗勒＋红紫苏

鲜艳的茶汤，可以促进食欲，适合饭前饮用。

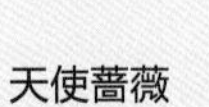

天使蔷薇

红紫苏

Q 若是没有栽种柠檬罗勒，可用什么香草来代替？

若是居家没有种植柠檬罗勒，但又想要品尝柠檬系香草的茶饮，可以用柠檬香蜂草或是柠檬百里香来代替。这两种柠檬系香草，性质与柠檬罗勒较接近，但是不要彼此添加。

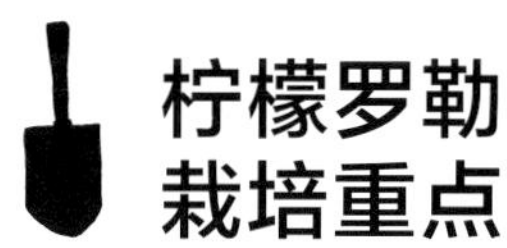

柠檬罗勒栽培重点

柠檬罗勒属于一年生耐寒性低的香草，在夏秋之际进入开花期，可以保留一些开花的枝条，让其结种子。种子收成后可放在密封袋，置入冰箱冷藏室保存，待来年播种。种子为黑色，微小，保存时宜小心操作。另外，栽种过程须经常摘芯，以促进分枝再生长。

事项	春	夏	秋	冬	备注
日照环境	全日照	全日照	全日照		
供水排水	土壤即将干燥时再供水，排水须顺畅				
土壤介质	一般培养土或壤土				
肥料供应		于换盆或地植时 夏秋之际添加氮肥			
繁殖方法	农历新年过后 进行播种（散播） 间拔	·夏秋之际可剪枝进行扦插 ·趁开花保存种子			播种的植株 会比较茁壮
病虫害防治	耐暑性较佳，春夏之际易滋生虫害，可以用葵无露或蒜醋水来加以防治			15℃以下 会枯萎	病虫害较多， 可用有机法 防治
其他	可以和耐寒性高的一年生香草，如金莲花、香堇菜等一起轮作。为避免虫害，也可以与细香葱、芸香、艾菊等合植，以达到忌避共生的目的				

牻牛儿苗科，多年生草本植物

柠檬天竺葵

LEMON GERANIUM

学名 / *Pelargonium crispum*

美肌、改善皮肤老化

口感与香气

由于吸收性快，柠檬天竺葵在茶饮中，很快就会散发香气。芳香天竺葵系列的独特口感，显得香醇，加上柠檬的香气，很适合与男主角系列进行搭配。茶汤带有浓浓的大自然气息。

泡茶的部位

叶、茎、花皆可入茶饮，其中又以叶片最具代表性。由于叶片较大，所含的精油量比较多，因此可以少量冲泡3～5片嫩叶。也可在开花期间，纯粹使用花朵泡茶，大约3～5朵，加300毫升热水。

采收季节与方式

春天进入生长期，此时可采摘叶片进行冲泡，香气也最芳醇。4～6月则可改以花朵入茶。在冲泡前采摘叶花即可，若要保存，可置入冰箱冷藏室，约可放置3～5天。

身心功效

柠檬天竺葵具有促进细胞活化以及美肌的效果。冲泡成茶饮，有助改善皮肤老化。另外，柠檬天竺葵若量太多，会造成口感不佳，反而会造成昏眩，请多加注意。

尤老师小提醒

冲泡时，叶片若遇过热的开水，叶色会转黄，因此建议使用60℃左右的温开水单独冲泡，或是先冲泡其他茶饮香草，最后再加入柠檬天竺葵。

柠檬天竺葵茶饮 私房搭配推荐

☑ 单方 ☑ 复方

柠檬天竺葵的香气较为浓郁，因此使用上不宜过多，适量即可。可单独冲泡，也可搭配其他男主角或配角等茶饮香草。

搭配 1 柠檬天竺葵＋紫云英

紫云英花朵可以食用，和柠檬天竺葵叶片一起冲泡，香气宜人，很适合春天饮用。尤其初夏之际，可以在梅雨季节转换郁闷的心情。

柠檬天竺葵
5厘米×2枝

紫云英
10～12朵

搭配 2 柠檬天竺葵＋齿叶薰衣草＋茱莉亚甜薄荷

使用齿叶薰衣草与薄荷两种男主角香草，再搭配柠檬天竺葵，口感协调，香气具有层次感。在饭后饮用，可有效地帮助消化。这款茶饮中使用了清凉及甘甜度最高的茱莉亚甜薄荷。

柠檬天竺葵
5厘米×2枝

齿叶薰衣草
10厘米×2枝

茱莉亚甜薄荷
10厘米×2枝

Q 一般的天竺葵都可以泡茶吗？

天竺葵分为两种：一般用来作为观赏用的天竺葵园艺品种，以及具有香味的品种，总称“芳香天竺葵”，两者有极大的差别。芳香天竺葵的香气包括玫瑰、柠檬、莱姆、凤梨、椰香、苹果等各式品种，上述的几个品种，花朵皆可入茶，但若是冲泡叶片，以柠檬天竺葵最适宜。

搭配 3 柠檬天竺葵 + 欧芹

柠檬天竺葵具有美肌的效果，欧芹则蕴含丰富的维生素，这是一款保健茶饮，特别推荐晚餐后饮用，可取代果菜汁的功能。

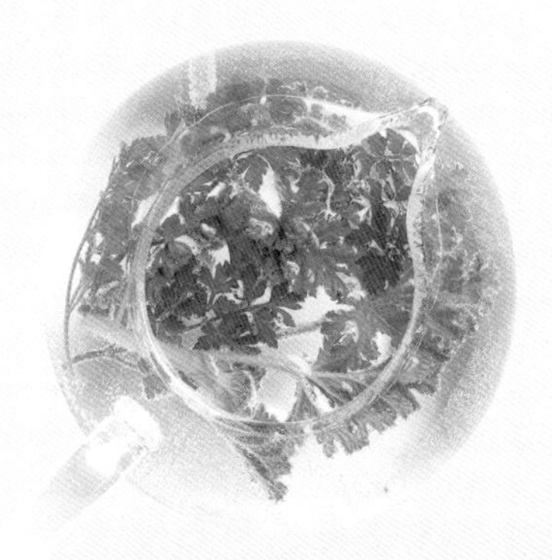

柠檬天竺葵
5厘米 × 2枝

欧芹
10厘米 × 1枝

搭配 4 柠檬天竺葵 + 百里香 + 甜罗勒

天气由春渐渐入夏，甜罗勒开始萌芽，百里香维持着生长，此时也正是柠檬天竺葵生长最佳、甚至开花的季节。春夏之际，就来享用这三款香草的复方茶吧。

柠檬天竺葵
5厘米 × 2枝

百里香
10厘米 × 2枝

甜罗勒
10厘米 × 1枝

搭配5 柠檬天竺葵＋爱玉汤

一般在爱玉汤中都会添加柠檬，偶尔变换一下食材，改用柠檬天竺葵来代替，不仅保有柠檬的香气，更可增加口感层次。

柠檬天竺葵
10厘米×2枝

爱玉汤
300毫升

其他搭配推荐

柠檬天竺葵＋奥勒冈

奥勒冈与欧芹相同，带有丰富的营养要素，可为健康加分。

柠檬天竺葵＋天使蔷薇

天使蔷薇可连同柠檬天竺葵的花朵一起冲泡，玫瑰与柠檬香气，相得益彰。

奥勒冈

天使蔷薇

Q 有一种叫作“防蚊草”的天竺葵，也可以泡茶吗？

防蚊草同时具有类似柠檬及玫瑰般的香气，其叶片冲泡茶饮，口感较差。因此大部分都是萃取蒸馏，取其纯露作为防蚊液之用。虽有“防蚊草”之名，但实际上单靠植物本身并无法防蚊，必须将采摘下来的茎、叶进行蒸馏，变成纯露，然后喷洒在空气之中，才有驱赶蚊虫的作用。

柠檬天竺葵 栽培重点

在台湾的栽培环境中，以中秋节到隔年端午节生长最好。可以在入秋后购买植株，并剪下枝条进行扦插，适合的温度约在15～25℃，发根率很高，就算是新手也容易栽种。若能进行露天栽种，生长会更加快速。

事项	春	夏	秋	冬	备注
日照环境	全日照	半日照	全日照	全日照	
供水排水	土壤即将干燥时供水，排水须顺畅				
土壤介质	一般壤土或培养土皆可				
肥料供应	追加磷肥 增加开花性		追加氮肥		
繁殖方法	扦插		扦插		
病虫害防治	梅雨季前修除顶芽，入夏前进行强剪		中秋节过后重新生长		病虫害不多，但常因高温多湿而枯萎
其他	进行摘芯，可促进再生长				

唇形花科，常绿小灌木

柠檬百里香

LEMON THYME

学名 / *Thymus x citriodorus*

镇静、杀菌、预防感冒

口感与香气

柠檬百里香除了含有柠檬醛，还具有麝香酚，兼有柠檬与麝香的香气，口感上极为爽口。

泡茶的部位

以叶、茎为主，特别是带枝的嫩叶尤为合适。在春夏之际，所开的花卉也可以添加至茶饮中。

采收季节与方式

在秋末入冬、春季生长最好，香气也最为饱满。夏季由于经常下雨，精油成分较淡。平常可直接采摘下枝叶，用湿纸巾包起，放入密封袋，带到办公室，使用完午餐，便可作为茶饮冲泡。

身心功效

与一般百里香相同，有镇静、杀菌、预防感冒、帮助消化的功效。鲜艳的叶色，为视觉带来享受。另外，清新的柠檬香气与扎实的口感，更能让人心情愉悦。

柠檬百里香具有轻微的通经作用，在怀孕初期最好少量饮用。

柠檬百里香茶饮 私房搭配推荐

☑ 单方 ☑ 复方

将柠檬百里香加入热水，会冲泡出令人赏心悦目的金黄色茶汤。
可以单方冲泡，或是与其他男主角系列的香草一起冲泡，香气及口感都非常清爽。

搭配 1 柠檬百里香＋石竹

柠檬百里香鲜艳的叶色，搭配缤纷的石竹花，茶汤的香气宜人，色泽美丽。

柠檬百里香
10厘米×5枝

石竹
5～8朵

搭配 2 柠檬百里香＋德国洋甘菊＋荷兰薄荷

可以轻易取得的柠檬百里香与荷兰薄荷，加上春季独有的德国洋甘菊，可以为春季午后带来美好的下午茶时光。

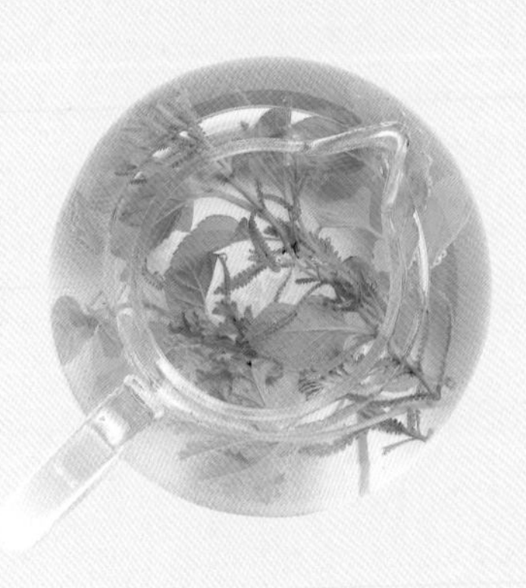

柠檬百里香
10厘米×5枝

德国洋甘菊
10～12朵

荷兰薄荷
10厘米×2枝

Q 柠檬百里香冲泡茶饮相当受欢迎的理由是什么？

柠檬百里香是运用相当广泛的女主角香草。由于叶片颜色相当美丽，可以增加视觉效果。适合下午茶的时光饮用，带有清新的柠檬香气，是人气非常高的香草植物。

搭配 3 柠檬百里香 + 紫红鼠尾草

百里香与鼠尾草都能够预防感冒，使用柠檬系的百里香还可增加香气，加上鲜艳的紫红鼠尾草，相得益彰。

柠檬百里香
10厘米 × 5枝

紫红鼠尾草
10厘米 × 1枝

搭配 4 柠檬百里香 + 薰衣草 + 奥勒冈

属于男、女主角的薰衣草和柠檬百里香，再加一位配角奥勒冈，适合在心情起伏不定时，作为镇静及舒缓的茶饮。

柠檬百里香
10厘米 × 5枝

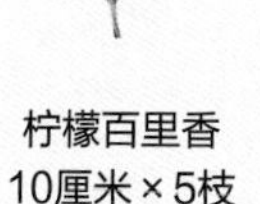

薰衣草
10厘米 × 2枝

奥勒冈
10厘米 × 1枝

搭配 5 柠檬百里香 + 花生汤

无论是在超市购买的花生汤还是自家煮的花生汤，都可以试试加入柠檬百里香，增添些许柠檬香气，让花生汤更好喝。

柠檬百里香
10厘米 × 5枝

花生汤
300毫升

其他搭配推荐

柠檬百里香 + 蝶豆花

天蓝色的茶汤，搭配清新的柠檬香气，最适宜女性及小朋友饮用。

柠檬百里香 + 迷迭香

具有提神与强身的功效，适合上班族在办公室饮用，消除疲劳。

蝶豆花

迷迭香

Q 柠檬百里香除了运用于茶饮，还有其他用途吗？

柠檬百里香还能加入烘焙食品与烹饪中。对于喜欢用百里香入菜的香草同好来说，有时可以更换成柠檬百里香，变化一下视觉、味觉、嗅觉的体验。

柠檬百里香栽培重点

柠檬百里香可说是茶饮用香草花园中必备的香草植物。在栽种上，又比一般的百里香好照顾，除了夏季须注意高温多湿所导致的烂根枯萎，其他季节都很好栽种。

事项	春	夏	秋	冬	备注
日照环境	全日照	半日照	全日照	全日照	昼夜温差大 可促进开花
供水排水	排水须顺畅，盆植等土壤即将干燥再一次浇透。 若是露天种植，一定要堆垄挖沟				
土壤介质	砂质性的壤土为佳，排水性好、保水性佳、通气性强				
肥料供应	修剪换盆后 施予基肥		修剪换盆后 施予基肥		
繁殖方法	扦插 压条		扦插 压条	扦插 压条	播种、分株、 扦插、压条 皆可
病虫害防治	入夏前 勤加修剪	生长变缓			甚少病虫害
其他	柠檬百里香尽量要加以采摘，如此才会生长更加良好 特别是经过摘芯之后，更能促进分枝长出侧芽或是顶芽出来				

香气相当浓郁，

少量添加就够，

尽量搭配男、女主角。

配角

口感浓郁，少量添加就能很好地衬托主角

在茶饮中担任配角的香草植物，几乎都能运用在烹调方面。像是甜罗勒、奥勒冈可搭配生菜沙拉生食，或是加热后食用；迷迭香、鼠尾草等香草则是取其香气，但不直接食用，例如彼此搭配做成香草束，添加在高汤中，或是剁碎后加热再食用；最后就是干燥后再加以利用，也就是俗称的香料，例如欧芹等。

这些烹调用的香草植物，由于味道比较浓郁与扎实，所以适合少量添加，正如电影的安排，配角千万不能抢了男、女主角的光彩。

作为配角的几种香草，大部分都含有丰富的维生素，多样性的香气与口感，可视个人的喜好来添加，提升香草茶饮层次。

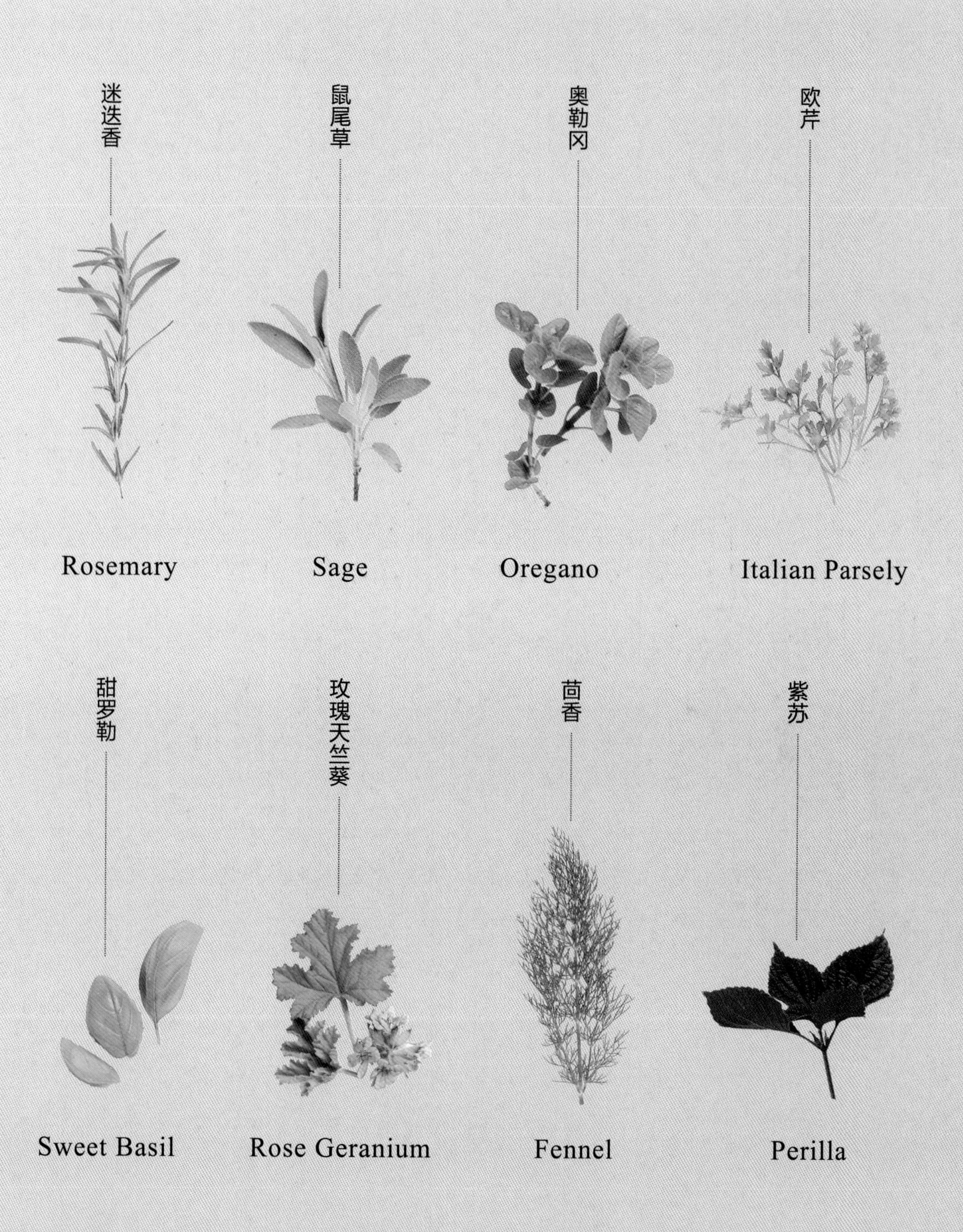
迷迭香
Rosemary
鼠尾草
Sage
奥勒冈
Oregano
欧芹
Italian Parsely
甜罗勒
Sweet Basil
玫瑰天竺葵
Rose Geranium
茴香
Fennel
紫苏
Perilla

唇形花科，常绿灌木

迷迭香 ROSEMARY

学名 / *Rosmarinus officinalis*

安神、帮助记忆

口感与香气

迷迭香带有浓郁的香气，其中含有类似樟脑的化学成分。口感则相当浑厚，因此大都运用在烹饪中，达到去腥效果，泡茶则少量添加。

泡茶的部位

叶、茎都可以使用，由于经常会木质化，因此泡茶时比较适合以嫩枝、嫩叶为主。匍匐性的迷迭香开花性较强，如蓝小孩迷迭香，花卉部位也可以加以冲泡。

采收季节与方式

由于是常绿灌木，一年四季皆可采收，其中又以春季的香气最为芳醇。采摘时，从顶芽或侧芽的尖端算起，约10厘米处剪下。

身心功效

迷迭香在欧洲有“魔法香草之称”，具有强身、安神及帮助消化等作用。另外，迷迭香还有帮助记忆的功效。自古就有一种说法，认为迷迭香能让人保持青春美丽，并让全身充满活力。

尤老师小提醒

迷迭香具有如森林般的香气，在采摘的过程，经常会闻到阵阵浓郁的气味。由于味道过于强烈，比较适合少量运用。怀孕期间也须减量。

适合冲泡茶饮的品种

茶饮家族

常见的迷迭香，虽然不是茶饮香草的男主角，
但绝对是最称职的配角。

直立迷迭香

属于最基本款，经常可以在苗圃或花市发现这款品种，香气最为浓郁。

匍匐迷迭香

开花性强，花卉可以入茶饮，同时兼具观赏价值。

蓝小孩迷迭香

常见的匍匐性品种，可以连花带枝叶，一起冲泡茶饮。

Q 迷迭香各品种的气味厚薄不一，该怎么选择？

直立性品种的迷迭香，香气较匍匐性迷迭香来得浓郁。因此如果希望味道浓一点，可以添加直立性迷迭香，如宽叶迷迭香、针叶迷迭香、斑叶品种；相对地，若希望享受清淡的感觉，则以匍匐性类型的迷迭香为主。

宽叶迷迭香

叶片较宽，通常多运用于烹调中，但可少量入茶。

针叶迷迭香

叶形针状对生，也可少量入茶。

斑叶迷迭香

比较特殊的迷迭香品种，斑叶外形可增加视觉享受。

迷迭香茶饮 私房搭配推荐

☑ 复方

单独冲泡迷迭香饮用，总是会让初次喝香草茶的人感到不适应，主要原因在于其太过浓郁的香气及口感，因此建议冲泡迷迭香时，一定要搭配男、女主角，这样比较适合。

搭配 1 迷迭香＋薄荷

薄荷的清凉感，加上有提神作用的迷迭香，很适合在享用完早餐后来上一杯，给人带来一天的精神顺畅，活力满满。

迷迭香
10厘米×1枝

薄荷
10厘米×3枝

搭配 2 迷迭香＋柠檬香蜂草＋金鱼草

搭配女主角柠檬香蜂草，让迷迭香的配角角色鲜明，口感富有底蕴。再加上美丽的金鱼草花朵，在茶汤中载浮载沉，充满大自然的气息。

迷迭香
10厘米×1枝

柠檬香蜂草
10厘米×2枝

金鱼草
5～10朵

Q 迷迭香的味道浓郁，加入茶饮中要如何控制数量？

迷迭香是配角用的香草茶饮，也就是说不适合单独冲泡茶饮。但加入其他复方香草茶，或是与咖啡、酒类都非常搭配。建议初期可以先使用5厘米1枝的，若不够浓郁，再用10厘米1枝，但不要再超过此范围。

搭配 3 迷迭香 + 柠檬香茅

柠檬香茅具有柔化茶汤的作用，在午、晚餐的饭后，喝上一杯，能消除胃胀及帮助消化。

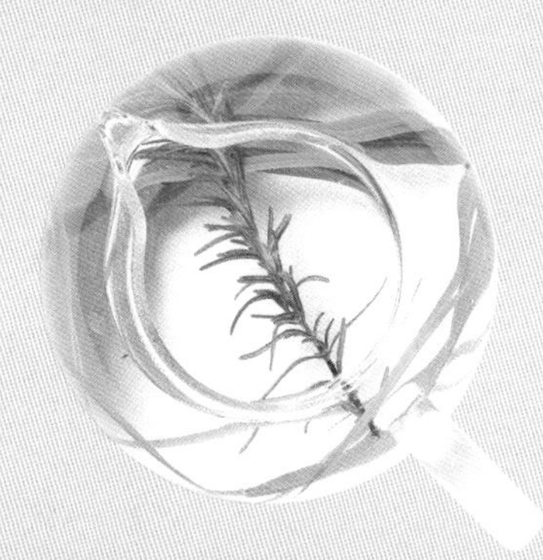

迷迭香
10厘米 × 1枝

柠檬香茅
10厘米 × 2片

搭配 4 迷迭香 + 威士忌

迷迭香搭配白酒系列非常合适，除了降低酒精的辛辣感，还会有果香的甘甜，喜欢小酌的朋友可以尝试。

迷迭香
10厘米 × 1枝

威士忌
50毫升

搭配 5 迷迭香 + 咖啡

参加农园课程的同好，总是觉得我冲泡的迷迭香咖啡特别好喝。主要是由于迷迭香加上三合一即溶咖啡后，咖啡中会带有姜味。尤其是在阴雨绵绵的天气，这款咖啡可以温暖身体，达到保暖的功效。

迷迭香
10厘米 × 1枝

咖啡
500毫升

其他搭配推荐

迷迭香 + 百里香

具有杀菌、强壮的功效，很适合在气候转变的季节饮用。

迷迭香 + 柠檬罗勒

芳香与浓郁的香气及口感，可以消除烦闷、缓解压力。

百里香

柠檬罗勒

Q 迷迭香除了用于茶饮外，还可以如何运用？

在南欧料理中，经常搭配羊肉、鸡肉等肉类。另外，也可以与乳酪、番茄、马铃薯等共同烹调。由于它适合长时间烹调，因此也可加入香草束中。迷迭香精油则具有收敛效果，可保养肌肤，作为沐浴乳或润发素相当合适。在景观方面，迷迭香更是香草花园中不可缺少的品种。

迷迭香栽培重点

迷迭香是香草花园常见的香草植物，生长快速，目前在台湾过夏也基本没问题。如果从播种开始栽培，可能需要一些时日，待种子萌芽后，也需进行间拔，让生长良好的幼苗留下来继续生长，然后在根系发展完全后，还要进行移植或定植。因此大都以扦插法进行繁殖。

事项	春	夏	秋	冬	备注
日照环境	全日照	全日照	全日照	全日照	昼夜温差大 可促进开花
供水排水	要注意排水顺畅，尽量于土壤干燥后再浇水				
土壤介质	砂质性壤土或一般培养土				
肥料供应		入秋前 追加有机氮肥		入春前 追加有机氮肥	
繁殖方法			从中秋节过后到 隔年端午最适合繁殖		播种、扦插， 以扦插法为主
病虫害防治		忌讳夏季高温 多湿的气候， 须勤加修剪			
其他	迷迭香露天栽种时，株间距约维持在 40 ~ 50 厘米， 匍匐性迷迭香则维持在 50 ~ 70 厘米				

唇形花科，常绿灌木

鼠尾草

SAGE

学名 / *Salvia officinalis*

镇静、杀菌、预防感冒

口感与香气

富含营养素的鼠尾草，其气味类似芭乐香，但冲泡成茶饮后则呈现深层的香气，口感也变得非常柔顺。

泡茶的部位

枝、叶皆可冲泡，但还是以嫩叶、嫩枝为主，木质化的茎部较少使用。开花期在3～5月，花卉也可以一起冲泡。

采收季节与方式

全年皆可采收，其中以开花期之前的冬春之际，香气最为芳醇，可从顶芽或侧芽修剪10厘米采收。

身心功效

在国外，当有感冒的前兆时，总会用鼠尾草搭配百里香来舒缓症状。鼠尾草有杀菌、镇静及强身的功效，有“长寿之草”的称号。

check **尤老师小提醒**

凡是可运用在烹调中的鼠尾草，就可以少量运用于茶饮。但冲泡时，记得不能使用太多，否则茶汤会呈现苦涩口感。另外，由于鼠尾草具有通经作用，怀孕初期应少量使用。

适合冲泡茶饮的品种

茶饮家族

鼠尾草分为药用性及观赏性品种，种类非常多。大部分属于药用的品种，比较适合运用于茶饮。

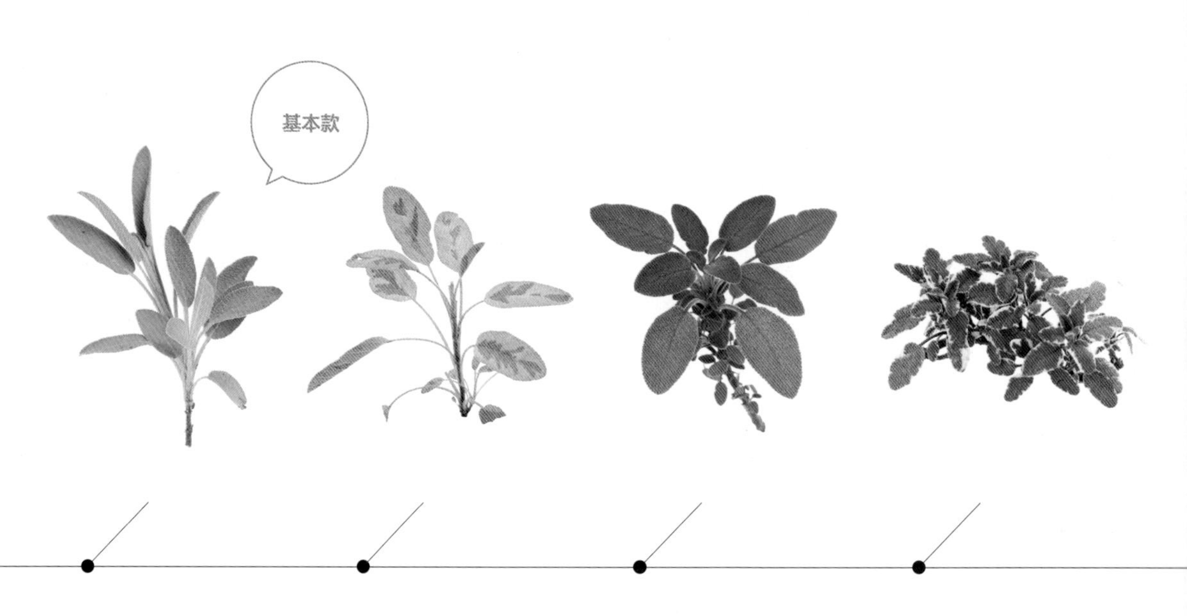

绿鼠尾草

这是鼠尾草中的最基本款，又称为原生鼠尾草，香气及口感最为顺口。

黄金鼠尾草

这种鼠尾草具有金黄色的叶片，外形美丽，可提升视觉效果，增加茶饮的乐趣。

紫红鼠尾草

香气较为清淡，由于其生长状态及驯化状况最好，因此可代替绿鼠尾草使用。

三色鼠尾草

紫、绿、白三色的三色鼠尾草，在茶汤中喝起来口感最为清淡。

鼠尾草茶饮 私房搭配推荐

☑ 复方

鼠尾草香气特殊，不见得人见人爱，因此大多用于烹调，作为去腥食材使用。至于加入茶饮，必须少量搭配，用量只需1枝10厘米左右就好。推荐与男、女主角混搭，可以突显出茶汤的厚实感。

搭配 1 鼠尾草 + 薰衣草

鼠尾草与薰衣草都是极有个性的香草，但彼此却非常搭配。香气宜人、口感顺畅，相当值得推荐，这两种材料的取得也非常便利。

鼠尾草
10厘米 × 1枝

薰衣草
10厘米 × 2枝

搭配 2 鼠尾草 + 柠檬马鞭草 + 丝荷花

鼠尾草与柠檬系的女主角香草在搭配上非常协调，再加入美丽的丝荷花花朵，像是一幅美丽的画。适合饭后饮用。

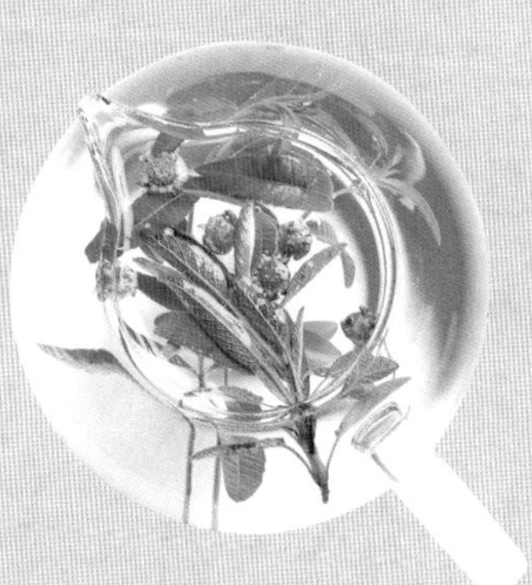

鼠尾草
10厘米 × 1枝

柠檬马鞭草
10厘米 × 2枝

丝荷花
10～15朵

搭配3 鼠尾草＋天使蔷薇

配角与花旦的结合，开启了无限的想象空间。既可单纯品味鼠尾草的芬芳，又可欣赏天使蔷薇花卉之美。其中的天使蔷薇，也可以换成具有春天感的香堇菜。

鼠尾草
10厘米×1枝

天使蔷薇
5~8朵

搭配4 鼠尾草＋红酒

以葡萄酒系列为主的红酒，在果香香气的陪衬下，再加上鼠尾草厚实的口感，入喉舒畅，也非常富有底蕴，适合搭配晚餐享用。

鼠尾草
10厘米×1枝

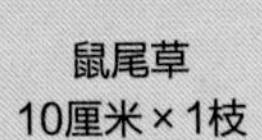

红酒
50毫升

Q 巴格旦鼠尾草、水果鼠尾草也可以冲泡茶饮吗？

巴格旦鼠尾草在所有的鼠尾草属中，气味最为浓郁，若分量过多，易致胃肠不适，通常是用于烹调中，可有效达到去腥目的。至于水果鼠尾草，单独嗅闻叶片，的确香气浓郁，但是冲泡成茶饮后，香气会消失，口感也不是很好，比较适合与肉类一起烹调。

鼠尾草 栽培重点

鼠尾草可在春季的立春时节开始种植，必须选择在日照充足、排水良好及通风顺畅的地点。另外也要注意梅雨季节多湿的气候，尽量挖沟堆垄。秋、冬可用扦插方式培养新苗，适合盆具栽培及露天种植。

事项	春	夏	秋	冬	备注
日照环境	全日照	半日照	全日照	全日照	
供水排水	排水良好，略带干燥的环境，露天种植需挖沟堆垄				
土壤介质	碱性肥沃的土壤				
肥料供应	施予氮肥		中秋后施予氮肥		
繁殖方法	播种、扦插		扦插	扦插	
病虫害防治		常因高温多湿而枯萎，要经常修剪			台湾夏季高温多湿，平地栽种较不易
其他	勤于摘芯与摘蕾，前者可作为修剪、采收及促进再发新芽；后者则可帮助植株再生长				

唇形花科，多年生草本植物

奥勒冈

OREGANO

学名 / *Origanum vulgare*

杀菌、开胃、促进消化

口感与香气

奥勒冈口感鲜明，带有辛辣味，非常具有个性。只可惜香气特征并不明显，但相对于甜马郁兰与意大利马郁兰，则香气明显，并具有甘甜味。

泡茶的部位

主要以嫩枝、嫩叶为主，由于具有匍匐性，且比较不会木质化，因此可以利用新鲜的叶、茎来加以冲泡。在台湾平地不容易开花，比较少运用花卉部位。

采收季节与方式

一年四季皆可采收。在中秋节到次年端午节之间生长得很好，气味也最为浓郁。可以在此时节加以修剪采收，特别是从芽点上方修剪，可促进其再长出顶芽或侧芽。

身心功效

奥勒冈具有杀菌的功效，能增强身体抵抗力，此外也具有开胃及促进消化的作用。

check 尤老师小提醒

奥勒冈与马郁兰是我们耳熟能详的烹调用香草，采摘下来枝叶，可大部分运用于烹调中，少部分加入茶饮，加入茶饮要注意量不宜过多，否则茶汤会变得浓郁，或是抢走男、女主角香草的香气。

适合冲泡茶饮的品种

茶饮家族

奥勒冈正式学名为牛至，隶属于牛至属。
牛至属品种也非常多，但是运用在烹调与茶饮的主要是以下几种。

绿奥勒冈

绿奥勒冈是奥勒冈的基本款，虽说是烹调常用的香草，但茶饮中少量加入，可以增加口感。平常并不会带有香气，通常是经过加热后，香气特征才会明显，这也是它与马郁兰的不同点。

黄金奥勒冈

在国外是以观赏为主，但由于叶片鲜艳，也可加入茶饮中，增加视觉效果，与花旦香草非常搭配。

甜马郁兰

甜马郁兰与奥勒冈可说是兄弟关系，但甜马郁兰的香气更为明显，且具有甘甜感。

意大利马郁兰

兼具奥勒冈的口感及马郁兰的香气，加上栽培容易，除了烹调使用外，很适合加入茶饮。

奥勒冈茶饮 私房搭配推荐

☑ 复方

身为茶饮香草的配角，添加数量不宜过多，主要是用来增加口感。如果奥勒冈的生长状况不好，可以用甜马郁兰或意大利马郁兰替代。特别是在没有德国洋甘菊的季节，甜马郁兰也可以取代饮用。

搭配 1 奥勒冈 + 银斑百里香

百里香与奥勒冈都具有杀菌效果，有助于预防感冒。在香气方面，带着熟成的麝香香气，口感上则相当顺口。男主角中，还有薰衣草也适合与奥勒冈搭配。

奥勒冈
10厘米 × 1枝

银斑百里香
10厘米 × 2枝

搭配 2 奥勒冈 + 柠檬香茅 + 蓝眼菊

配角奥勒冈正好可以衬托出女主角柠檬香茅的香气，也可以改用甜马郁兰或是意大利马郁兰，另外加上蓝眼菊，可以增加视觉效果。

奥勒冈
10厘米 × 1枝

柠檬香茅
10厘米 × 2片

蓝眼菊
1～3朵

搭配 3 奥勒冈＋紫罗兰

同是春季生长很好的两种香草，美丽的花旦紫罗兰，让茶汤变为淡紫色系，加上沉稳的奥勒冈，非常适合下午茶饮用。到了春夏之际，花旦则可换成当季开花的向日葵。

奥勒冈
10厘米 × 1枝

紫罗兰
5～8朵

搭配 4 奥勒冈＋乳酸饮料

乳酸饮料带有甘甜，并极具有营养价值。可以搭配奥勒冈、甜马郁兰或是意大利马郁兰，尤其是甜马郁兰，可以增加特殊的香气，非常适合饭后饮用，有帮助消化的效果。

奥勒冈
10厘米 × 1枝

乳酸饮料
150毫升

Q 奥勒冈如何运用于烹饪？

其新鲜的叶片与沙拉类非常搭配。干燥的奥勒冈叶片，其风味及香气更加强烈。奥勒冈的香气与乳酪、番茄、意大利面及肉类等，相当和谐。由于经常被加入到蘑菇或是比萨当中，提升风味，而有“蘑菇草”及“比萨草”的称号。对于喜好意大利料理的人来说，奥勒冈绝对是值得推荐的香草。

奥勒冈
栽培重点

牛至属（奥勒冈属）当中，以意大利马郁兰的栽种最为容易，特别是露天种植，会生长得很好；其次是甜马郁兰以及奥勒冈，通常在台湾平地比较不容易过夏；另外，黄金奥勒冈则比较具有挑战性，可通过不断扦插繁殖的过程，以达到驯化的目的。

事项	春	夏	秋	冬	备注
日照环境	全日照	半日照或遮阴	全日照	全日照	
供水排水	排水顺畅				
土壤介质	培养土及中性壤土皆可，排水良好的沙质壤土尤佳				
肥料供应	添加有机氮肥		添加有机氮肥		
繁殖方法	扦插、压条、分株		扦插	扦插	扦插、压条、分株都可以
病虫害防治		梅雨季节适应较差，入夏前应修剪枝、叶，使通风顺畅			
其他	植株生长快速，株间距最好在 50 厘米以上				

伞形花科，一至二年生草本植物

欧芹 ITALIAN PARSELY

学名 / *Petroselinum crispum 'neapolitanum'*

补铁、促进血液循环

口感与香气

欧芹带有芹菜般的香气、蔬菜般的口感，虽然一般以用于烹调为主，然而搭配其他茶饮香草冲泡，能突显茶汤的特殊香气与口感，且含有丰富的营养价值。

泡茶的部位

欧芹隶属于根出叶型的香草，茎短缩，因此取其绿色嫩叶为主。开花期顶芽生成伞形花序，花朵为黄白色，较不容易开花，但花卉部分亦可冲泡茶饮。

采收季节与方式

在秋、冬、春三季生长良好，香气与口感最佳，可经常修剪采收，会再继续长出新芽，促进生长。在晨间采摘、修剪最合适，可充分感受新鲜芬芳的香气。

身心功效

欧芹含有丰富的维生素A、维生素C，并且含有人体所需的铁，从早期的古希腊、罗马时代，即被运用在生活方面。主要有促进血液循环、帮助消化及利尿等作用。

尤老师小提醒

夏季可能会因为高温多湿而导致烂根，甚至枯萎，枯黄的叶片尽量不要使用，要记得修掉。一般是运用新鲜叶片，但也可以干燥后使用。冲泡茶饮不宜单方，最好搭配其他茶饮香草一起冲泡。

欧芹茶饮 私房搭配推荐

☑ 复方

欧芹的营养价值极高，可以搭配男、女主角茶饮香草一起冲泡，增添茶汤的香气与口感。另外与花旦等茶饮香草一起搭配，可以增加视觉享受。

搭配 1 欧芹＋胡椒薄荷

与带有清凉感的薄荷类一起冲泡，可在饭后饮用，帮助消化，并保护胃肠。薄荷类可选择胡椒薄荷或是瑞士薄荷等。

欧芹
10厘米×1枝

胡椒薄荷
10厘米×2枝

搭配 2 欧芹＋柠檬香蜂草＋紫罗兰

与女主角及花旦的茶饮香草一起冲泡，不仅在香气方面相当宜人，在口感上也因为欧芹而加分。另外再搭配紫罗兰美丽的花卉，茶汤整体显得更有深度。

欧芹
10厘米×1枝

柠檬香蜂草
10厘米×2枝

紫罗兰
10～12朵

Q 欧芹大都是用在料理方面，加入茶饮中有何特色呢？

欧芹本身大都是运用在烹调方面，但在国外的蔬果汁中，也会添加。近年来国内的养生蔬果汁也开始使用它。单独冲泡会比较单调，但是若配合茶饮香草则非常合适，可以尝试看看。

搭配 3 欧芹 + 金银花

欧芹富含营养价值，再搭配金银花花朵的清毒解热功效，很适合在有感冒前兆时加以饮用，舒缓不适。

欧芹
10厘米 × 1枝

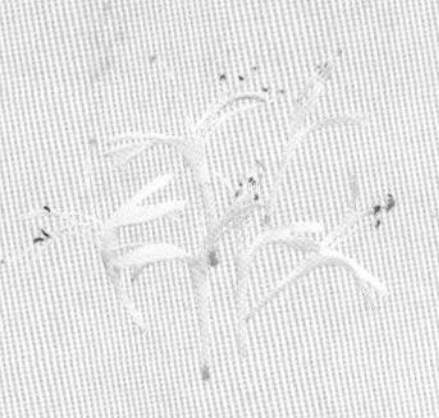

金银花
10～12朵

搭配 4 欧芹 + 果蔬汁

果蔬汁含有丰富的营养，且可视个人的状况选择合适的水果与蔬菜，此时可以再添加欧芹，从中摄取更多的维生素，补充身体所需。

欧芹
10厘米 × 1枝

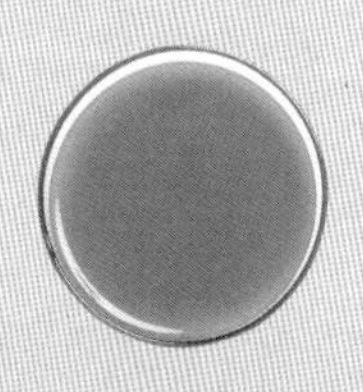

果蔬汁
300毫升

其他搭配推荐

欧芹 + 百里香

欧芹和百里香都具有抗菌效果，适合在季节转换期间，如春、秋二季加以饮用。

欧芹 + 蝶豆花

欧芹搭配有变色效果的蝶豆花，让茶饮更富有色彩魅力。

欧芹 + 紫罗兰

紫色的花，为富含果蔬香的茶汤增加美丽色泽。

百里香　蝶豆花

紫罗兰

Q　有一种卷叶的荷兰芹，也可以冲泡茶饮吗？

荷兰芹因叶形不同，可分为两大类：一种为台湾较常见的法国荷兰芹（French Parsely），叶状卷曲浓密，类似胡萝卜叶，原产地在法国南部，因而得名；另一种是意大利荷兰芹（Italian Parsely），叶状扁平，类似芫荽，原产地在意大利，在国外一般较常使用意大利品种。当然，法国荷兰芹也可以加入茶饮中，但宜少量添加。

Q　欧芹主要运用在哪方面呢？

欧芹最早在欧洲被当成民间疗法使用，借由经常佩戴在身上，以防止昏眩、提振精神。后来则用来与其他香草做成香草束，是香草高汤的主要食材。在烹调方面，可以达到去腥效果，在沙拉中也有添加。

欧芹 栽培重点

栽培欧芹，要特别注意水分的供给，如果栽种环境过于干燥，叶片容易枯黄，但也不宜过分潮湿，否则容易产生烂根的现象。可以等土壤即将干燥时，再加以供水，并以浇透为原则。

事项	春	夏	秋	冬	备注
日照环境	全日照	半日照	全日照	全日照	
供水排水	土壤即将干燥时供水，排水要顺畅				
土壤介质	一般壤土或培养土皆可				
肥料供应	喜好肥沃的土壤，可于定植或换盆时施予有机氮肥				
繁殖方法	播种，15 ~ 25℃左右发芽 亦可分株		播种，15 ~ 25℃左右发芽 亦可分株		播种为主，也可以进行分株
病虫害防治		忌高温多湿，要经常修剪枯叶			病虫害较多，可用有机法防治
其他	由于不喜爱移植，因此可以将种子直播在盆具或是露天种植				

唇形花科，一年生草本植物

甜罗勒

SWEET BASIL

学名 / *Ocimum basilicum 'Sweet Salad'*

促进食欲、提振精神

口感与香气

甜罗勒的香气带着浓浓的、犹如九层塔的气味，且其香气比九层塔更胜一筹，在国外，是制作青酱的主要食材。口感扎实，自古以来，即被使用在茶饮中。

泡茶的部位

主要使用嫩枝及嫩叶，由于其植株生长过大时，茎部经常会木质化，所以尽量避免使用木质茎的部位。夏秋之际开花期时，嫩叶可以连着花一起运用。

采收季节与方式

四季皆可采收，由于是一年生耐寒性低的香草，因此冬季是衰弱期，并会枯萎。经常摘芯或摘蕾，可促进再生长，采摘下来后可以同时运用在烹调与茶饮中。

身心功效

可促进食欲及帮助消化，特别是当心情低落或是极度疲倦时，可以冲泡一杯甜罗勒与其他茶饮香草的复方香草茶，在饭后饮用，可有效改变气氛，提振精神。

尤老师小提醒

香气与口感较为独特，最好与其他男、女主角茶饮香草一起搭配使用。量不宜太多，以10厘米1枝左右即可，否则会有微微辛辣感。另外，与其他配角香草不要彼此添加，毕竟其主要还是运用在烹调方面比较多。

甜罗勒茶饮 私房搭配推荐

☑ 复方

甜罗勒的浓郁香气，可以与四种男主角香草互相搭配，或是跟其中两种一起冲泡。此外，与女主角香草搭配，也很合适，但尽量避免使用性质接近的柠檬罗勒。至于与花旦香草冲泡，则可增加茶饮的视觉效果。

搭配 1 甜罗勒＋甜薰衣草

有“香草之王”称呼的甜罗勒，搭配有“香草女王”之称的薰衣草，最能代表香草茶的特色。适合在疲倦以及需恢复精神时饮用。

甜罗勒
10厘米×1枝

甜薰衣草
10厘米×2枝

搭配 2 甜罗勒＋柠檬天竺葵＋小手球

南亚风情的甜罗勒，搭配南非风味的柠檬天竺葵，以及南美特色的小手球（麻叶绣球），是充满异国情味的一款茶饮，非常适合在想要改变气氛时来冲泡饮用。

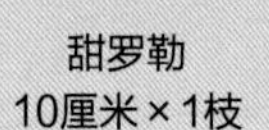

甜罗勒
10厘米×1枝

柠檬天竺葵
10厘米×2枝

小手球
6~8朵

Q 甜罗勒的香气非常浓郁，适合冲泡茶饮吗？九层塔也可以泡茶吗？

甜罗勒的口感与香气浓郁，大都运用在烹调中，尤其在国内外非常普遍。但由于极富营养价值，具有强身功能，可以少量与其他茶饮香草互相添加。另外，九层塔虽然较少运用在茶饮中，但若是少量添加，也是可以的。

搭配 3 甜罗勒 + 向日葵

同为夏季生长的两种香草，可说是绝佳的组合。虽说向日葵香气较为清淡，然而其带着夏季独特的风情。也可以加入少许冰块，作为餐前的开胃茶饮。

甜罗勒
10厘米 × 1枝

向日葵
1～3朵

搭配 4 甜罗勒 + 碳酸饮料

碳酸饮料总是给人口感过于强烈的感觉，不妨添加甜罗勒作为润滑，口感独特。适合在与亲朋好友聚会时，一起饮用，创造出另一种茶饮的乐趣。

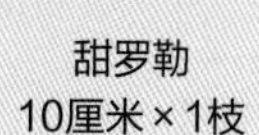

甜罗勒
10厘米 × 1枝

碳酸饮料
300毫升

其他搭配推荐

甜罗勒＋薄荷

饭后饮用，可以促进胃肠蠕动、消除胀气。也可以搭配可口的面包，作为正餐饮料。

薄荷

甜罗勒＋香堇菜

采摘春季刚刚生长的甜罗勒嫩芽，配上美丽缤纷的香堇菜，达到完美的视觉效果。

甜罗勒＋茉莉

香气十足的茉莉，与营养丰富的甜罗勒一起冲泡，色香味俱全。

香堇菜

茉莉

Q 紫红罗勒、肉桂罗勒可以冲泡茶饮吗？

罗勒属的香气与叶色因种类而有不同，目前全世界的罗勒品种约有150余种，主要代表为甜罗勒，另外还有柠檬罗勒、紫红罗勒、肉桂罗勒等品种。柠檬罗勒隶属于女主角系列的茶饮香草。紫红罗勒也可以冲泡茶饮，香气比较清淡；至于肉桂罗勒，口感过于强烈，不推荐用于茶饮中。

Q 甜罗勒除了运用于茶饮中，还有什么生活运用呢？

甜罗勒可说是香草植物中运用范围最广泛的食材，在烹调中与蒜头、番茄、乳酪、橄榄油非常搭，是沙拉或意大利面的主要食材，国外习惯以甜罗勒制作青酱，台湾地区则多以台湾九层塔为主。直接冲泡或混入牛奶中，风味独特。另外，在美容及萃取精油方面也常被使用。

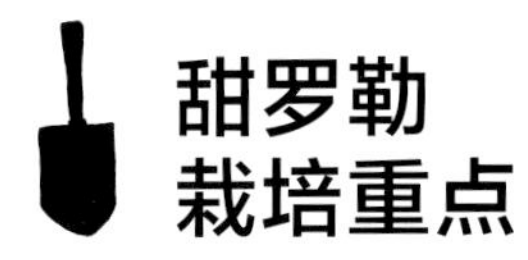

甜罗勒 栽培重点

甜罗勒喜好充足的日照及排水良好的土壤。春、夏、秋为主要生长季节。甜罗勒的繁殖，主要是从播种开始，可分为春播及秋播两种。播种约一至二周左右发芽，待本叶长出、根系稳定之后，进行移植或定植。

事项	春	夏	秋	冬	备注
日照环境	全日照	半日照	全日照		
供水排水	土壤即将干燥时再供水，排水须顺畅				
土壤介质	一般培养土或壤土				
肥料供应	施予氮肥		施予氮肥		于换盆或地植时施加有机氮肥
繁殖方法	播种、扦插		播种	耐寒性低，可收集植株种子待来春播种	播种、扦插（发根率较低）
病虫害防治	勤加修剪，以减少虫害				病虫害较多，可用有机法防治
其他	经常进行摘芯，促进分枝及生长。若有开花，也必须经常摘蕾				

牻牛儿苗科，多年生草本植物

玫瑰天竺葵

ROSE GERANIUM

学名 / *Pelargonium graveolens*

保湿、消除神经疲劳

口感与香气

玫瑰天竺葵具有玫瑰般的香气，在国外是芳香疗法重要的香草植物，口感则比较温和，因此冲泡茶饮时，最好与其他茶饮香草一起冲泡，可以提升茶汤本身的层次感。

泡茶的部位

冲泡茶饮以嫩叶为主，由于老叶香气比较清淡，可利用冬末春初萌生的嫩叶。春季开的花也可以泡茶，虽然香气较为清淡，却有优雅的口感。另外，枝、茎部位则较少利用。

采收季节与方式

一年四季皆可进行采摘，尤以冬、春最为合适。虽然是多年生的香草，然而在夏季与柠檬天竺葵相同，生长状态比较不佳。由于直立生长，经采收修剪后，生长会更旺盛。

身心功效

玫瑰天竺葵在芳香疗法中，具有保湿作用，并有改善皮肤炎症的疗效。在茶饮方面，则可以增强抵抗力、消除神经疲劳，让人有舒缓的感觉。

尤老师小提醒

冲泡的分量宜少不宜多，否则会带有苦涩感。不适宜单方冲泡，复方也不要与其他配角的茶饮香草互相搭配。

适合冲泡茶饮的品种

茶饮家族

芳香天竺葵系列香草，以玫瑰天竺葵为代表，
此外还有苹果天竺葵、薰衣草天竺葵，可以少量加入茶饮。

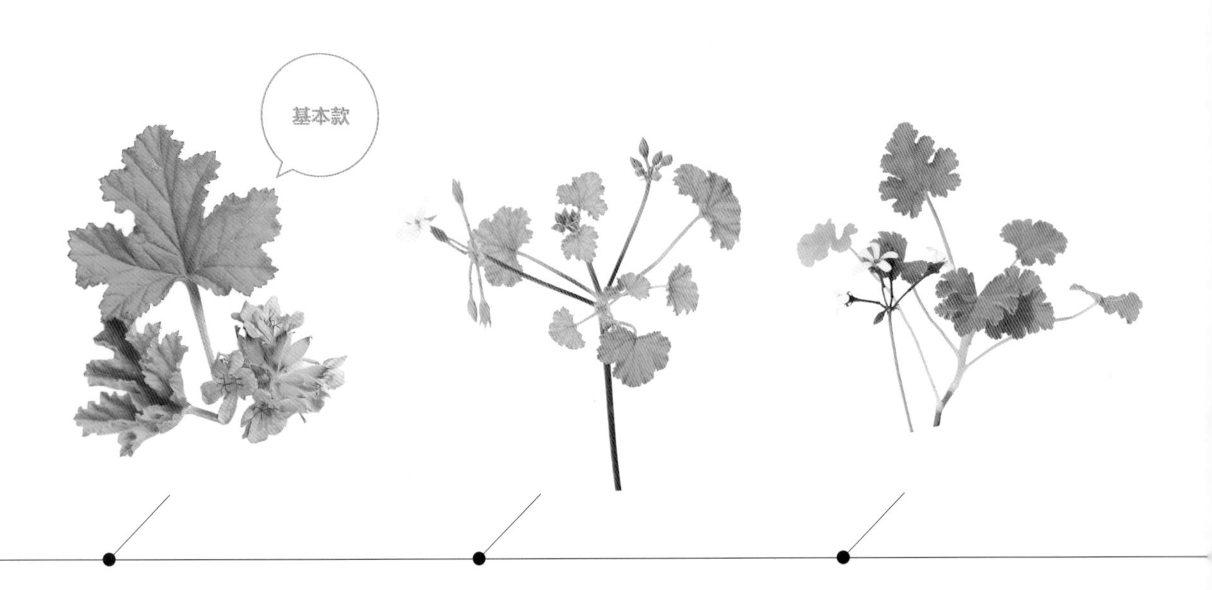

玫瑰天竺葵

它是芳香天竺葵的基本款，具有清新的玫瑰花香，其花卉也可以加入茶饮。

苹果天竺葵

具有苹果的香气，让茶饮充满果香，其花卉也可以加入茶饮。

薰衣草天竺葵

叶形与苹果天竺葵类似，其香气接近薰衣草，可作为薰衣草的茶饮替代香草。

观赏用的天竺葵，如枫叶天竺葵，并不带有香气，且口感很差，并不适合用来冲泡茶饮。

玫瑰天竺葵茶饮 私房搭配推荐

☑ 复方

玫瑰天竺葵适合作为复方搭配，与男、女主角系列的茶饮香草（柠檬天竺葵除外）一起冲泡，都非常合适。

搭配 1 玫瑰天竺葵 + 德国洋甘菊

玫瑰香气的玫瑰天竺葵，搭配苹果香气的德国洋甘菊，花香、果香兼具，是一款代表春天的香草茶。其中的男主角若换成薰衣草，便兼具玫瑰与薰衣草的香气。

玫瑰天竺葵
5厘米 × 1枝

德国洋甘菊
10 ~ 15朵

搭配 2 玫瑰天竺葵 + 柠檬百里香 + 玫瑰

玫瑰天竺葵的嫩叶，搭配柠檬百里香清新的香气，再适时加上数朵玫瑰，让茶汤充满浓郁的玫瑰香，气质优雅。

玫瑰天竺葵
5厘米 × 1枝

柠檬百里香
10厘米 × 2枝

玫瑰
1 ~ 3朵

搭配3 玫瑰天竺葵＋香堇菜

品尝香草茶的最大乐趣，除了味觉与嗅觉享受外，将玫瑰天竺葵搭配艳丽的香堇菜，更能完全感受香草茶的视觉魅力。香堇菜也能换成紫罗兰，让茶汤呈现紫色浪漫。

玫瑰天竺葵
5厘米×1枝

香堇菜
10～15朵

搭配4 玫瑰天竺葵＋酸奶

酸奶的解油腻及去脂效果相当显著，若能加上玫瑰天竺葵的嫩叶或是美丽的花朵，更可以衬托出酸奶的美味，这样的搭配既健康又美丽。

玫瑰天竺葵
5厘米×1枝

酸奶
300毫升

Q 玫瑰天竺葵除了冲泡茶饮外，还有什么用途呢？

芳香天竺葵含有各种水果或花朵香气，大都被制作成精油，玫瑰天竺葵由于具有玫瑰香气，所萃取的精油可用来代替玫瑰精油，因为价格便宜许多，故有“穷人的玫瑰”之称。在布置方面，美艳的花朵是插花、花束、压花的好材料。用于烹调中，则可与糕点一起烘焙或制作果酱及酸奶，口感独特，备受欧美女性喜爱。

玫瑰天竺葵栽培重点

一般的园艺店较少贩售芳香天竺葵的种子，因此直接购买植株较为合适。喜好日照充足、肥沃的土壤以及略带干燥的环境，高温多湿及太过严寒皆较不能适应。因此，玫瑰天竺葵在国外冬天会在温室过冬，在台湾地区平地即可顺利过冬。

事项	春	夏	秋	冬	备注
日照环境	全日照	半日照	全日照	全日照	
供水排水	土壤即将干燥时供水，排水须顺畅				
土壤介质	一般壤土或培养土皆可				
肥料供应	追加氮肥 及磷肥		追加氮肥		
繁殖方法	可在春季生长旺盛并密集开花时，用摘蕾后的枝条（约 10 厘米的枝条，5 厘米以下叶片去除，入土约 3 厘米）进行扦插。3 周左右发根，待根系完全包覆土壤后，就可以进行移植或定植				扦插时 不需施肥
病虫害防治	入夏前 要加以修剪	忌讳高温多湿 的夏季			甚少病虫害
其他					

伞形花科，一至二年生草本植物

茴香 FENNEL

学名 / *Foeniculum vulgare*

改善便秘、促进消化

口感与香气

茴香的香气独特，香气特征也非常明显。至于在口感方面，则略带厚实，可少量加入茶饮中。在国外是使用相当频繁的烹调香草，国内近年来也开始流行。

泡茶的部位

茎部粗大且中空，大都利用嫩叶冲泡茶饮。夏季开花时会在茎部顶端开出密集的小黄花，呈伞状排列，花卉可入茶。甚至开花后的种子，也可加入茶饮中。

采收季节与方式

在开花季节前的嫩叶香气最浓，夏秋之际则为开花期，可以摘蕾以促进生长，并进行采收花卉或是种子。

身心功效

茶饮有助于促进消化及解除便秘，也有改变气氛、舒缓身心的效果。在烹调方面，则可以去腥，提升美味。

尤老师小提醒

由于茴香喜欢定植，最好不要经常换盆或移植，因此可种在靠近厨房的后阳台或是后花园中，以就近采摘。在冲泡方面，10厘米左右1枝刚刚好，量太多茶汤会过于浓郁，口感不好。

茴香茶饮 私房搭配推荐

☑ 复方

茴香单独冲泡的口感单调，比较不建议，与其他茶饮香草一起搭配，可以让茶汤瞬间变得清爽，令人愉悦。

搭配1 茴香＋薰衣草

薰衣草甘甜的香气与特殊的口感，搭配沉稳的茴香，会让茶汤呈现出与其他茶饮不同的感受，适合饭后饮用，促进消化。

茴香
10厘米×1枝

薰衣草
10厘米×2枝

搭配2 茴香＋柠檬香茅＋金银花

女主角、花旦、配角三类香草呈现出不同的层次，带有柠檬香的柠檬香茅，加上清毒解热的金银花，再搭配茴香的厚实感，营养丰富，具有养生的效果。

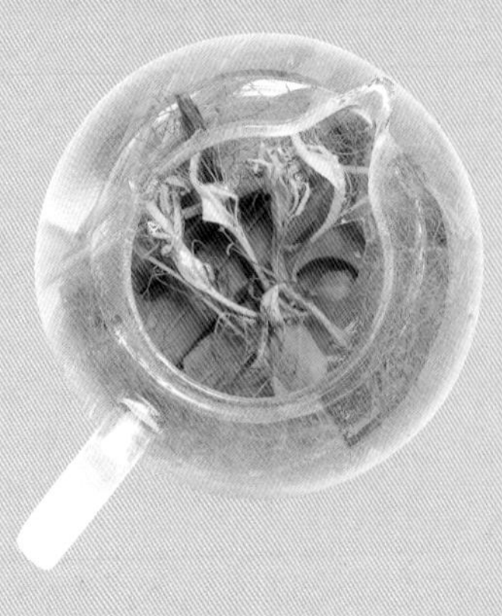

茴香
10厘米×1枝

柠檬香茅
10厘米×2片

金银花
10～15朵

Q 茴香的种子也可以冲泡成茶饮吗？该如何运用？

可以的。夏秋之际为茴香开花的季节，此时可以先不采摘花朵，而让其自家授粉，待产生种子后收集起来，放在冷藏室中。要使用的时候，再用80℃左右的热水，与其他茶饮香草一起冲泡，或是打入蔬果汁中亦可。

搭配 3 茴香＋天使蔷薇

在春天，茴香与天使蔷薇都是当季的香草，鲜嫩的茴香叶片，配搭纯白、粉红的天使蔷薇，可提升茶饮层次，增加视觉效果。

茴香
10厘米×1枝

天使蔷薇
10～15朵

搭配 4 茴香＋蔬果汁

茴香在欧美国家是养生香草植物，可与喜欢的蔬菜水果一起打成汁来饮用，极富营养价值，并有消脂功效。

茴香
10厘米×1枝

蔬果汁
300毫升

其他搭配推荐

茴香＋薄荷

这款茶饮可以带来清凉的下午茶时光，取得容易，非常适合三五好友聚会时饮用。

茴香＋蝶豆花

茴香的花或是种子可以搭配颜色美丽的蝶豆花，茶汤既漂亮又好喝。

薄荷　　蝶豆花

Q 除了茴香，莳萝也可以入茶饮吗？

可以。莳萝和茴香同属伞形花科，外形也非常接近。莳萝的香气较为浓郁一些，因此可用嫩叶来加以冲泡。两者都富含营养价值，同时，莳萝的花卉与种子也一样可以入茶。

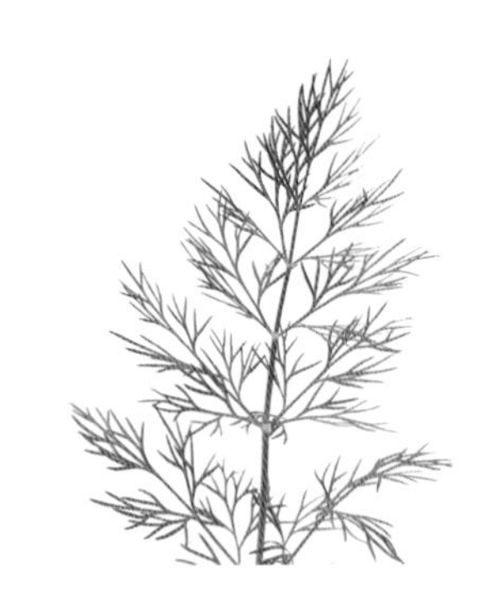

Q 茴香除了茶饮，还有其他运用吗？

茴香与莳萝由于和鱼类食材非常搭配，又被称为“鱼的香草”。另外，也能添加在面包或咖喱当中。叶片剁碎后，可以直接洒在沙拉或是汤品中。肥大的茎部则可以熬煮高汤。另外，茴香的叶、花与种子，也可以用来做香草浴或蒸脸。

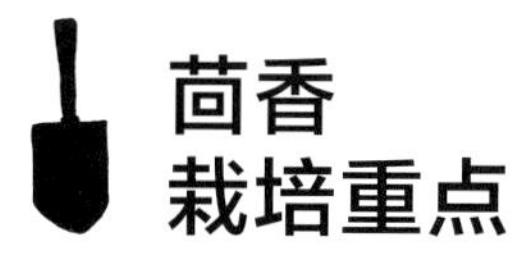

茴香栽培重点

栽种茴香，可以直接从播种开始，约15～20天就会萌芽，待生长健壮之后，就可以开始移植，此时可以选择较大的盆具或是直接露天种植，也就是最终的定植。由于是一至二年生的草本植物，若顺利过夏，便能够一直生长到来年春季。

事项	春	夏	秋	冬	备注
日照环境	全日照	半日照或遮阴	全日照	全日照	
供水排水	土壤即将干燥时供水，排水须顺畅				
土壤介质	一般壤土或培养土皆可				
肥料供应	追加氮肥及磷肥		追加氮肥		
繁殖方法	播种、分株		播种	播种	播种为主，也可分株繁殖
病虫害防治					病虫害不多，要经常加以修剪并进行摘蕾
其他	茴香与时萝的栽种条件相同				

唇形花科，一年生草本植物

紫苏 PERILLA

学名 / *Perilla frutescens*

提振精神、预防感冒

口感与香气

紫苏的香气浓郁，口感清爽，特别是到了夏季，总是会让人联想到清凉的梅子茶，不禁垂涎三尺。红紫苏比较适合茶饮，绿紫苏适合搭配生鱼片。

泡茶的部位

以新鲜的叶片为主，可在冲泡茶饮前直接修剪采收。夏、秋之际为开花期，穗状花序的花卉，也可以冲泡茶饮。若结种子，也可收集起来。

采收季节与方式

由于紫苏是耐寒性低的一年生香草，相对耐暑性高，从春季至秋季都是生长期，冬天则是衰弱期，甚至会枯萎。其中又以春、秋两季的香气最为芳醇，可在此时加以采收。

身心功效

具有提振精神及预防感冒的作用，尤其红紫苏还有增加身体抵抗力的功效。至于绿紫苏则还有去腥、去油脂等功效。

尤老师小提醒

红紫苏、绿紫苏的最佳生长季节都是在冷热温差大的春、秋季，因此可在这两个季节采收，并进行摘芯与摘蕾。在冲泡时，可视个人的喜好程度来加减，其中红紫苏的量可微多，绿紫苏的量则稍微减少。

紫苏茶饮 私房搭配推荐

☑ 复方

红紫苏适合与其他茶饮用香草一起搭配，特别是具有柠檬香气的女主角茶饮系列，其本身并不适合单独冲泡，绿紫苏与红紫苏可以彼此代替。

搭配 1 红紫苏＋薄荷

清凉的薄荷口感，结合红紫苏的香气，可说是相当地协调。特别适合在饭前来上一杯，以促进食欲。

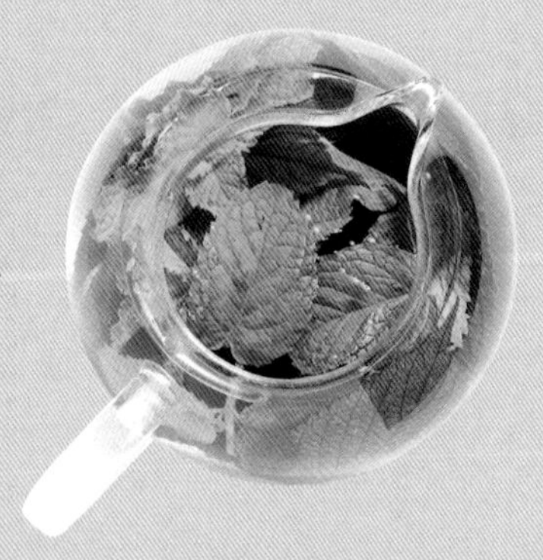

红紫苏
10厘米×1枝

薄荷
10厘米×2枝

搭配 2 绿紫苏＋柠檬罗勒＋天使蔷薇

绿紫苏也可以用来代替红紫苏，搭配具有柠檬香气的柠檬罗勒，再加上美丽的天使蔷薇花旦，可增加视觉效果，让茶汤更有层次。

绿紫苏
5厘米×1枝

柠檬罗勒
10厘米×2枝

天使蔷薇
10～15朵

Q 为什么日本人经常使用紫苏？尤其是加入饮品或其他食用添加品中？

欧美国家大都将迷迭香、百里香或是鼠尾草、薄荷等归为唇形花科，然而日本人则将它们归类为紫苏科。由于紫苏具有杀菌及去腥的效果，所以经常被使用在茶饮或与其他食品作搭配，日本人喜爱紫苏真是出了名的。

搭配 3 绿紫苏 + 蝶豆花 + 柠檬

紫苏配上会变色的蝶豆花，不仅可让茶汤颜色更加丰富，还能在炎炎夏日里消除暑意。滴上柠檬汁，则会变为粉色系，为香草茶饮增加了许多乐趣。

绿紫苏 5厘米 × 1枝

蝶豆花 5 ~ 8朵

柠檬 半颗

搭配 4 红紫苏 + 梅子汤

视个人的喜好，可以加减红紫苏的量。建议可以多放一些，以提升口感及香气，让梅子汤汁更加美味。另外也可加上冰块，带来清凉的感觉。

红紫苏 10厘米 × 2枝

梅子汤 300毫升

其他搭配推荐

红紫苏＋百里香

紫苏与百里香都具有杀菌效果，可在有感冒前兆时饮用，增强抵抗力。

百里香

红紫苏＋向日葵

同为春、夏之际生长很好的香草，可在酷暑季节中，享受到香草花卉茶饮的乐趣。

绿紫苏＋接骨木

纯白的接骨木花卉，也可以搭配绿紫苏。

向日葵　接骨木

Q 红紫苏为什么经常与梅子结合使用?

市面上有很多红紫苏与梅子结合的食品，如紫苏青梅、紫苏梅子酒、紫苏梅子酱等。主因是梅子很容易氧化，经常采摘下来没几天就变黑，因此会做成腌制品或酒类。紫苏具有杀菌功能与香气，于是从古至今，一直延续这样的保存方式。

Q 绿紫苏有什么特性及运用方法?

在一般印象中，红紫苏多用来做紫苏梅子汤，绿紫苏则适合与生鱼片等生鲜食材搭配。日本人爱用紫苏是全世界闻名的。绿紫苏又称为青紫苏，非常爽口且有杀菌的作用，因此多半会添加在生鲜食品中。

紫苏
栽培重点

紫苏可以说是香草植物中很好栽种的，其一年生的特性，让其在幼芽萌生后，便会生长很快。无论是春播还是秋播，都非常合适，甚至会有自播的现象。其中播种的方式以散播为主，也可进行条播。记得要进行间拔，以维持植株的强壮。

事项	春	夏	秋	冬	备注
日照环境	全日照	半日照	全日照		
供水排水	尽量不要让土壤干燥，以免植株萎谢				
土壤介质	在各种土壤均能正常生长				
肥料供应	追加有机氮肥		追加有机氮肥		
繁殖方法	播种		播种		一般用播种的方式，较扦插而言，生长更强壮
病虫害防治	虫害较多，特别是在春、夏之际。可用蒜醋水、辣椒水或是葵无露来加以防治；或是在盆具、露天种植的植栽旁，种上芸香、艾菊或是细香葱等忌避植物，来达到共生的效果				
其他					

使用香草植物新鲜花朵的部位，
作为冲泡茶饮时的素材，
除了增加香气外，最主要是为了添加视觉效果。

花旦

大部分在冬、春之际绽放，是茶饮鲜艳的存在

作为花旦的香草植物，主要是将其花卉加入茶饮当中。花卉的多彩变化，为茶汤增加视觉效果，其中部分花卉还可以直接食用，一举两得。

花旦比较不适合单独冲泡，就像电影的角色定位，大部分是用来搭配男、女主角或是配角。花旦的开花期集中在冬春之际，如紫罗兰、香堇菜等；在春夏期间开花的也占一大部分，例如西洋接骨木、紫锥花、蝶豆花等。其中有花期长的，如天使蔷薇；有花期短的，如栀子花。在新鲜香草茶饮中，最好搭配着其开花期，才能喝到最美丽、最新鲜的花卉。

另外，花旦中的可食性花卉，也能加入料理或烘焙中直接食用，或是作为料理或烘焙的盘饰。以花入料理之前，必须先了解其可食性，例如夹竹桃科的花朵，就不可直接食用。

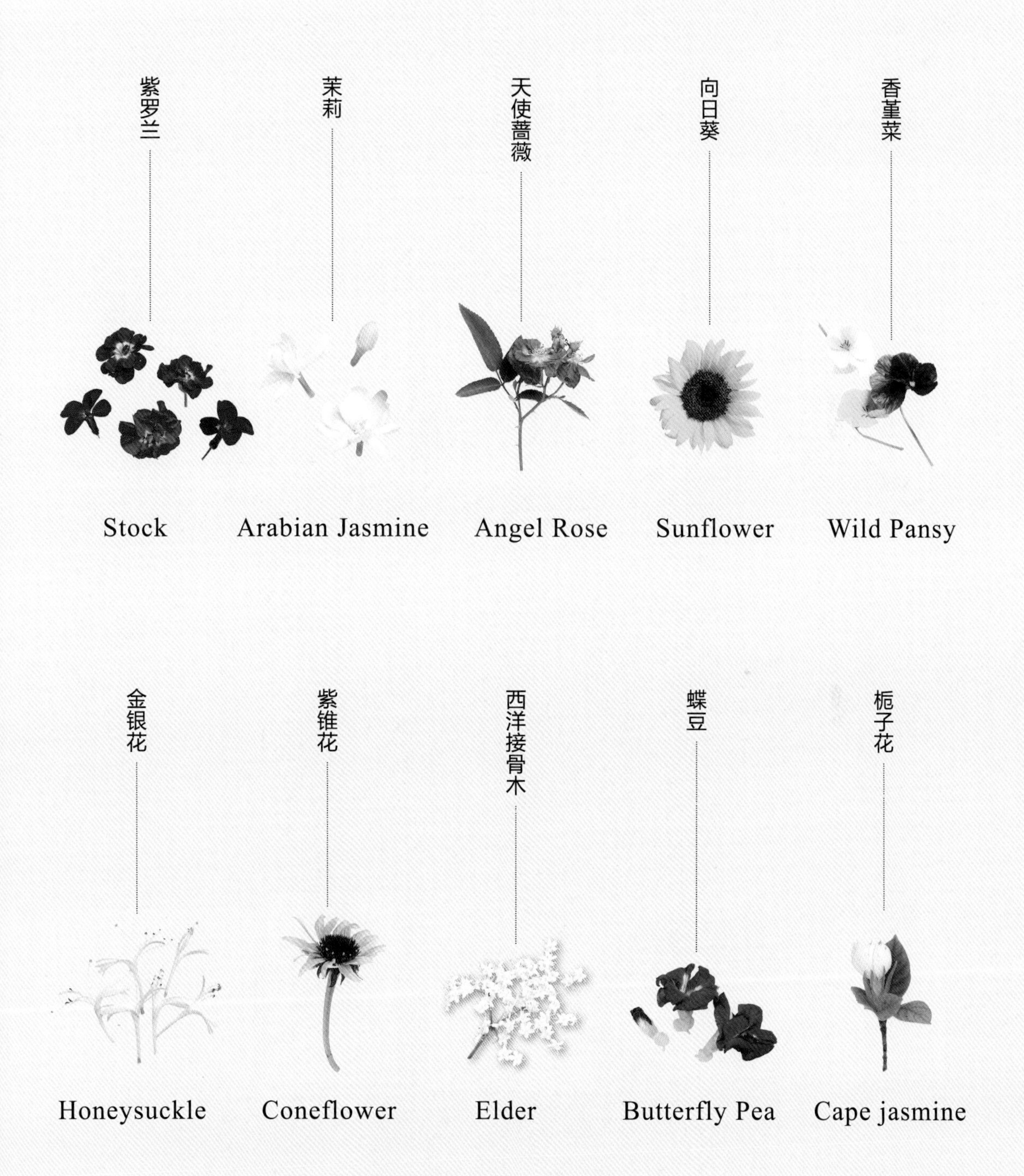
紫罗兰
茉莉
天使蔷薇
向日葵
香堇菜
Stock
Arabian Jasmine
Angel Rose
Sunflower
Wild Pansy
金银花
紫锥花
西洋接骨木
蝶豆
栀子花
Honeysuckle
Coneflower
Elder
Butterfly Pea
Cape jasmine

十字花科，在台湾大多是一年生草本植物

紫罗兰 STOCK

学名 / *Matthiola incana*

增强抵抗力

口感与香气

紫罗兰在口感上没有特殊的味觉，却带着淡淡的清香，再加上能改变茶汤色泽，因此可以增添茶饮的乐趣。

泡茶的部位

主要是冲泡花卉，叶片及茎枝部位并不会特别使用。由于有深紫及粉紫双重花色，是添加在茶汤中的绝佳选择。紫罗兰可以最后再加入茶汤中，以欣赏茶汤色泽的变化。

采收季节与方式

采收季节即是开花期，主要集中在冬、春两季，可以使用园艺用的剪刀将花卉直接修剪并采收下来。若有开过而枯黄的花，也要顺带修剪。

身心功效

可提高身体的抵抗力，与百里香或鼠尾草等预防感冒的香草一起冲泡，有更好的效果。虽然无法像蝶豆花一样使茶汤完全变色，但渐层的效果一样可让人心情愉悦。

check 尤老师小提醒

由于花朵为轮生性质，所以采收时必须以较为小心的方式，以免破坏花卉的整体美感。有时开花期会延续到初夏。冲泡时必须加热，由于口感普通，通常不会食用。

紫罗兰茶饮 私房搭配推荐

☑ 复方

因为香气清淡，通常会与其他茶饮用的香草一起冲泡。由于是紫色系的花卉，很适合与紫色花卉的茶饮香草搭配，例如薰衣草或鼠尾草，产生协调与深层的韵味。

搭配1 紫罗兰＋甜薰衣草

同为紫色花卉为主的香草，可以在薰衣草开花季节，将薰衣草连叶带花一起冲泡，对喜欢紫色系茶饮的同好来说，可说是最梦幻的茶品。

紫罗兰
5~8朵

甜薰衣草
10厘米×2枝

搭配2 紫罗兰＋柠檬香蜂草＋苹果天竺葵

柠檬的清香与苹果的果香，是这款茶饮的最大特色，加上紫罗兰的色彩渲染，可以有效改善郁闷的心情，转为舒爽的心境。

紫罗兰
5~8朵

柠檬香蜂草
10厘米×2枝

苹果天竺葵
5厘米×1枝

Q 紫罗兰茶饮为何如此受欢迎？

由于紫罗兰有紫色色素，可以改变茶汤色泽，所以加入到热茶饮中，会让平凡的茶汤变色，并容易形成渐层，带来视觉上的享受，所以相当受欢迎。其他花朵，如新鲜或干燥的锦葵或蝶豆，也可以有这种效果。

搭配 3 紫罗兰 + 综合果汁

将最钟爱的各种水果打成果汁，极富营养价值，加上紫罗兰美丽的花卉，有画龙点睛的效果，适合作为饭后饮品。

紫罗兰
5～8朵

综合果汁
300毫升

其他搭配推荐

紫罗兰 + 柠檬香茅

带有浓浓的南洋风味，非常适合下午茶会，能让与会者心情愉悦。

紫罗兰 + 鼠尾草

可以在季节转换时（如秋、冬或春、夏之际）饮用，有效预防感冒、增强抵抗力的功效。

柠檬香茅

鼠尾草

紫罗兰
栽培重点

紫罗兰适合播种与扦插，然而刚开始种植，可在秋冬之际购买幼苗来栽种。此时可以进行换盆，由于需要它的花卉，盆中基肥可加氮肥及磷肥各半，开花期前修剪较为杂乱的枝条，萌生的花枝可以让花卉生长更多。

事项	春	夏	秋	冬	备注
日照环境	全日照	半日照	全日照	全日照	
供水排水	土壤干燥时再供水，排水须良好				
土壤介质	一般培养土即可，种植在肥沃的沙质壤土中，开花性较强				
肥料供应	移植后 加基础有机氮肥		开花期前 可添加 海鸟磷肥		
繁殖方法	扦插		播种		播种为主， 也可在春季 进行扦插
病虫害防治		不耐高温多湿			保持通风， 要经常巡视 并除虫
其他					

Q 紫罗兰能否度过高温、多湿的夏季？

经常有许多同好会问这个问题。由于紫罗兰属于非常梦幻的香草，在开花季节尤其如此，但到了初夏枝条就会光秃秃的，甚至整个枯萎。最大的原因是紫罗兰不耐高温、多湿的气候，所以在原产地本来以多年生著名，尤其是露天种植，都可以过夏；在台湾地区则是一年生，这跟季节有关，可用驯化方式加以解决。目前，种在苗场的紫罗兰几乎都可以过夏。

Q 紫罗兰是否可添加到料理与烘焙中？

由于紫罗兰并没有浓郁香气及口感，因此并不会直接与食物一起烹调。然而浓紫或粉紫的花卉，常被用于料理或烘焙的盘饰，增加视觉效果。

Q 为什么很多植物的别名都称为紫罗兰？

是的，例如干燥的锦葵花卉，就以紫罗兰来命名；蒜香藤的花卉有时也会以紫罗兰作为别名。这可能跟“紫罗兰”这个名字充满梦幻感有关吧！然而真正的紫罗兰还是以学名 *Matthiola incana* 称呼才正确。

蒜香藤花卉有时也被称为紫罗兰。

木犀科，常绿小灌木

茉莉 ARABIAN JASMINE

学名 / *Jasminum sambac (L.) Ait.*

消除疲劳、止咳化痰

口感与香气

茉莉是大家耳熟能详的香草植物，有极芬芳的香气，与乌龙茶、绿茶、红茶都非常相配，茶饮口感很清爽，可说是老少咸宜的饮品。

泡茶的部位

以花卉为主的茉莉，属于木犀科素馨属，同时还有素馨、毛茉莉等同属品种，也是运用花卉的部位。叶、枝较少运用。

采收季节与方式

主要开花期集中在由冷转热的春、夏之际。秋、冬之际偶尔也会开花。由于花朵绽放后容易凋谢，大部分都会在清晨进行采收。

身心功效

茉莉具有提神、消除疲劳的功效，其香气特征也适合舒缓心情紧张，另外还能帮助止咳化痰。无论国内还是国外，茉莉花卉都广泛运用于芳香疗法方面。

尤老师小提醒

茉莉一旦进入开花期就会密集开花，因此在中国大陆被大面积栽培，作为经济作物，在欧美也极受欢迎。茉莉花若不及时采摘，花卉就会变黄转黑而凋谢，甚至雨打风吹也都会掉落，因此重点在于及时采摘。在冲泡上，最好当天采摘下来新鲜的茉莉花立即使用，冷藏保存，新鲜度约维持3天左右。冲泡时水温过热会破坏色泽，大约80℃刚好。

茉莉茶饮 私房搭配推荐

☑ 复方

茉莉与其他茶饮香草搭配，纯白花卉散发着芬芳香气，可以提升香草茶质感。而且茉莉自古即被使用在饮品当中。另外，素馨及毛茉莉的运用方式也相同。

搭配1 毛茉莉＋柠檬百里香

毛茉莉的花期较茉莉为长，但香气及口感没茉莉浓郁，不过正因如此，与柠檬香气的女主角茶饮香草就比较搭配，还能提升饮品的观赏价值。

毛茉莉
10～15朵

柠檬百里香
10厘米×3枝

搭配2 茉莉＋直立迷迭香

茉莉除了与男、女主角茶饮香草搭配外，与配角茶饮香草也非常协调，可视个人的口感需求决定数量的多寡，但配角的迷迭香不宜太多，否则会过于苦涩。

茉莉
5～8朵

直立迷迭香
10厘米×1枝

为什么茉莉跟一般茶叶搭配非常合适?

因为茶叶中有儿茶素，可帮助消化，而加入茉莉会产生更深层的香气，因此在中国大陆，会将茶叶以茉莉熏过，称为香片，用以开胃与解腻，是早期富贵人家待客的上品。

搭配 3 茉莉 + 乌龙茶

茉莉所属的素馨属，非常适合与绿茶、红茶或乌龙茶进行搭配，以乌龙茶最佳，可少量加入茶中，增加其视觉效果及口感。

茉莉
5~8朵

乌龙茶
300毫升

其他搭配推荐

茉莉 + 柠檬罗勒

茉莉与柠檬系茶饮香草搭配，可以让茶饮更为清香与爽口。

茉莉 + 玫瑰天竺葵

虽然同为花香，却有不同的层次感，能增加新鲜香草茶饮不少乐趣。

柠檬罗勒

玫瑰天竺葵

茉莉栽培重点

一般茉莉会从幼苗或成株植栽开始栽种，由于扦插发根率高，可在冬末至春初开花期前，剪下枝条进行扦插，待根系满盆后，再进行换盆、移植或定植。另外，若是经常修剪枝条，会让植株生长更旺盛。

事项	春	夏	秋	冬	备注
日照环境	全日照	全日照	全日照	全日照	
供水排水	土壤即将干燥时一次浇透，排水须顺畅				
土壤介质	以壤土栽培为主				
肥料供应	开花期前施用海鸟磷肥可促进更多花芽形成				
繁殖方法	扦插		扦插		扦插为主
病虫害防治	易受红蜘蛛危害，平时应加强通风，并用有机法防治				
其他					

Q 茉莉的栽种环境要注意什么呢？

彰化的花坛乡非常盛行栽种茉莉，俨然已成为台湾茉莉花的重要产地。其中以虎头茉莉品种最被广泛接受。茉莉耐旱也抗湿，适合台湾的气候类型，但在栽种过程中需要全日照；一旦缺乏日照，容易有徒长现象，甚至导致植株衰弱。另外也要经常修剪，使其萌生新芽。开花期前追加磷肥能增加开花数量。

Q 茉莉的花期很长，但绽放时间很短，该如何采收呢？

茉莉属于常绿小灌木，常在季节更替时大量开花，大都是在清晨时采摘，然后在当天进行加工，或是直接就新鲜部分使用。

素馨属包括茉莉、毛茉莉及素馨等，都可以加入茶饮中。

蔷薇科，半落叶性灌木

天使蔷薇

ANGEL ROSE

学名 / *Rosa chinensis cv.*

保湿、抗氧化

口感与香气

天使蔷薇散发着玫瑰香气，极具吸引力，让人深深喜欢。口感温和、清爽。除了观赏价值外，运用在茶饮方面也相当合适。

泡茶的部位

泡茶以花苞或绽放的花卉为主，花色有纯白、粉红等色系，花卉较小，也可直接食用。叶、茎部位不会特别使用。

采收季节与方式

在台湾，因气候适宜，几乎可达到全年开花的程度，唯独冬天会落叶，花卉数量较少。由于茎部带有尖刺，采收时最好戴上手套或用花剪采收。

身心功效

天使蔷薇与玫瑰相同，具有让人愉悦的效果，还有保湿、抗氧化等功能，因此泡制新鲜香草茶，相当受女性同好的喜爱。

尤老师小提醒

自行栽种的话，需要时直接采摘花朵进行冲泡即可。花卉遇高温不会变黑，可在冲泡复合式新鲜茶饮时一起加入。

天使蔷薇茶饮私房搭配推荐

☑ 复方

由于花色美丽，非常适合与男女主角及配角茶饮香草进行复方搭配，但不适合单独冲泡。除了非常爽口外，也能增加茶汤整体美感。

搭配 1　天使蔷薇＋葡萄柚薄荷

薄荷的清凉感可以提振精神，尤其是一大早就采摘，适合在早餐后享用。加上天使蔷薇花朵，更能带来一整天的好心情。

天使蔷薇
5～8朵

葡萄柚薄荷
10厘米×2枝

搭配 2　天使蔷薇＋柠檬香茅＋意大利马郁兰

天使蔷薇色泽美丽，与夏季生长良好的柠檬系香草一起冲泡，再搭配意大利马郁兰的口感，更提升了整体层次，适合作为下午茶饮用。

天使蔷薇
5～8朵

柠檬香茅
5厘米×3片

意大利马郁兰
10厘米×1枝

Q 所有的蔷薇科都可以入茶饮吗？

蔷薇科植物非常多，并不是每一种都可以冲泡成茶饮，例如斗篷草属与草莓属都隶属于蔷薇科，就没有直接加入茶饮中。而同属蔷薇科的棣棠花，则可以直接用花朵冲泡茶饮。

搭配 3 天使蔷薇＋糖浆

将做好的接骨木糖浆或玫瑰花酿摆上天使蔷薇的花卉，可增添饮品的附加价值。糖浆方面，需搭配凉水，以10：1的比例稀释。

天使蔷薇
5~8朵

糖浆
稀释后300毫升

其他搭配推荐

天使蔷薇＋柠檬香蜂草

带有柠檬香气的果香与玫瑰般的绝妙口感，既好闻又好喝。

天使蔷薇＋茴香

茴香的营养搭配天使蔷薇的美丽，口感与视觉俱佳。

柠檬香蜂草

茴香

天使蔷薇栽培重点

种植天使蔷薇，一般都是购买幼苗或成株来栽种。可以在春、秋两季，剪下枝条来扦插繁殖，由于不宜过于潮湿，因此必须掌握正确的供水时机，等到土壤快要完全干燥时，才予以浇水。

事项	春	夏	秋	冬	备注
日照环境	全日照	半日照	全日照	全日照	
供水排水	土壤干燥再供水，排水要顺畅				
土壤介质	砂质壤土最佳				
肥料供应	施加磷肥	施加氮肥	施加磷肥	施加氮肥	地植为主，经常加以追肥
繁殖方法	扦插		扦插		扦插为主
病虫害防治	病虫害较少，但必须经常修剪，保持通风				
其他					

Q 栽种天使蔷薇要注意哪些事项?

种植蔷薇科植物，尤其是玫瑰或蔷薇，除了水分控制要得当外，也要经常补充肥料。追肥部分可以每三个月一次，因为是重肥性香草，可同时追加氮肥及磷肥，并尽量以有机肥为主，虽然如此成效较为缓慢，但对植株较有帮助。由于春、夏之际虫害较多，可在植株四周种上细香葱、芸香或艾菊等忌避植物，以达到共生效果。

Q 蔷薇与玫瑰该如何区分呢?

一般人常将大朵花称为玫瑰，小朵花叫蔷薇，实际上并非如此。正确来说，玫瑰与蔷薇是以公元1867年为分界，1867年之前的原生种玫瑰，称为“古典玫瑰”，即所谓的“蔷薇”，之后的改良品种则是“摩登玫瑰”或“现代玫瑰”，通称为玫瑰。

Q 天使蔷薇可用玫瑰替代入茶饮吗?

可以。冲泡香草茶最好的方式，就是自己栽种，然后直接采摘入茶。若是作为切花用的纯观赏性玫瑰，因为有可能喷洒农药，并不适合加入茶饮中。玫瑰又分为大轮、中轮及小轮的品种，以中轮和小轮较为合适。

天使蔷薇从立秋到夏至都会持续开花，就算是高温多湿的夏季也是如此，随时可采收花卉使用。

菊科，一至二年生草本植物

向日葵

SUNFLOWER

学名 / *Helianthus annuus Linn.*

帮助消化

口感与香气

充满阳光感的向日葵，又被称为“太阳花”，虽然香气及口感不特别明显，但加入茶饮可以带来独特的视觉效果，可说是夏季最缤纷的色彩。

泡茶的部位

以花卉为主要的泡茶部位。花卉分为中、大、小三种，建议选择中、小两种来冲泡。花朵在逐渐萎谢时会结种子，也就是所谓的葵花籽，也可以入茶饮，能为茶饮的香气加分。

采收季节与方式

由于主要以播种为主，因此在春、夏之际播种，整个夏季都是开花期。基本上每株一朵花，但修剪后还是会继续开花。可直接修剪花朵，搭配其他茶饮香草冲泡。

身心功效

向日葵可以帮助消化，甚至增加食欲，因此在炎炎夏日冲泡香草茶，加上美丽的向日葵，可以让心情变得更舒畅，甚至达到解暑的功效。

尤老师小提醒

由于向日葵香气及口感不明显，因此适合与男女主角茶饮香草一起冲泡。值得注意的是，向日葵花朵较其他花旦的花朵大，因此不适合再搭配其他花卉。

向日葵茶饮 私房搭配推荐

☑ 复方

由于向日葵不属于直接食用型花卉，因此都作为陪衬角色，可增添茶饮的观赏价值。新鲜的向日葵花朵可直接以热水冲泡，与其他茶饮一同浸泡3分钟后即可饮用。

搭配 1 向日葵＋柠檬香茅

柠檬香茅具有浓浓的柠檬香气，加上向日葵可以中和口感，并带来视觉效果。由于多在夏季饮用，可搭配冰块增加清凉感。

向日葵
1～3朵

柠檬香茅
5厘米×3片

搭配 2 向日葵＋薄荷＋甜罗勒

夏季是薄荷与甜罗勒生长茂盛的季节，采用当季香草来冲泡，再加上向日葵美丽的花朵，可以增添茶饮的乐趣。

向日葵
1～3朵

薄荷
10厘米×3枝

甜罗勒
10厘米×1枝

Q 向日葵的采摘及运用有何特色呢？

向日葵可用花剪或直接手采摘下来加入茶饮中，除了观赏价值，另外也有解暑的功能。向日葵在夏季生长得很好，由于花色美丽，更能舒缓心情。另外在香草花园中，也是不可或缺的夏季香草植物。

其他搭配推荐

向日葵＋柠檬马鞭草

向日葵与夏季生长良好的柠檬马鞭草搭配，十分应景。

向日葵＋欧芹

欧芹营养十分丰富，搭配美丽的花朵，让人身心都被治愈。

柠檬马鞭草

欧芹

Q 向日葵花朵如果太大，是否适合泡茶？

主要看冲泡的容器大小，若是1～3人左右的玻璃壶，比较适合用中、小型的花卉。若是宴会使用的较大容器，则可以考虑大朵的向日葵。不论大小如何，口感与香气皆同，都能增加饮品整体的视觉效果。

Q 向日葵的葵花籽怎么泡茶？

葵花籽是大家耳熟能详的零食。若要将葵花籽加入茶饮，最好是将外壳去除，再与其他茶饮香草一起冲泡，不仅可增添口感，还有丰富的营养价值。

向日葵
栽培重点

由于属于一至二年生香草，因此往往在夏季开完花就渐渐枯萎；由冬转春的季节也会零星开花，有两个开花时节。可在开花季前一个月左右播种（散播或条播皆可），进入开花期后即可进行采收作业。

事项	春	夏	秋	冬	备注
日照环境	全日照	全日照	全日照		
供水排水	即将干燥时再供水，排水须顺畅				
土壤介质	一般壤土即可				
肥料供应	追加氮肥	开花期前 追加海鸟磷肥	追加氮肥		
繁殖方法	播种	播种			播种后 约一个月 会开花
病虫害防治	病虫害不多				
其他					

Q 向日葵花卉适合什么样的生长环境？

与其他香草植物不同的是，向日葵较不畏惧高温、多湿的环境，尤其夏季高温并不会有太多生长的阻碍；但若连续下大雨，还是会对花朵造成伤害。不喜好15℃以下的低温，因此冬季必须在温室中生长。向日葵也是很棒的绿肥植物，可在整株枯萎后进行翻土，然后栽种其他作物。

向日葵最广泛的应用，是在观赏方面的价值，壮观的花海让人惊艳。

堇菜科，一年生草本植物

香堇菜

WILD PANSY

学名 / *Viola tricolor*

帮助消化、改善便秘

口感与香气

香堇菜具有清淡的香气，类似茉莉，香气不那么明显，甚至感觉不到香气的存在。口感滑顺，为可食用花卉。除了茶饮使用外，也可以加入生菜沙拉中，增添口感。

泡茶的部位

仅运用花卉部分，叶的部位完全不能食用。由于花卉有各种颜色，甚至在尚未开花前，也无从得知其花色，因此建议多栽种一些数量，来增加花色的种类。

采收季节与方式

从每年的11月开始，就会陆续开花，甚至会提早到10月底，最长可持续到隔年的5月初，开花期间要经常采摘花卉，可以促进继续开花。

身心功效

有助于提振精神与消除郁闷的心情。另外也能帮助消化、解决便秘困扰。

尤老师小提醒

由于花卉脆弱，所以在采摘时必须小心温柔，保持花朵完好。另外，东北季风所带来的降雨，也会将花卉打坏，因此建议尽可能避雨。冲泡时不宜用超过80℃以上的高温热水，以免破坏花卉的美感。

香堇菜茶饮私房搭配推荐

☑ 复方

香堇菜多彩的花朵，非常适合与男女主角以及配角茶饮香草一起搭配，五颜六色的花朵，淡淡的香气，又是可食用花卉，总是让人喜爱万分。

搭配1 香堇菜＋柠檬香蜂草

柠檬香气的香蜂草，单独冲泡就很爽口，若是能再加上美丽的香堇菜花朵，更能感受春天的气息。

香堇菜
10～15朵

柠檬香蜂草
10厘米×2枝

搭配2 香堇菜＋薰衣草＋黄金鼠尾草

薰衣草有许多品种可选择，搭配黄金鼠尾草金黄的叶色与香堇菜缤纷的花色，可以让这款复合式茶饮更有层次。

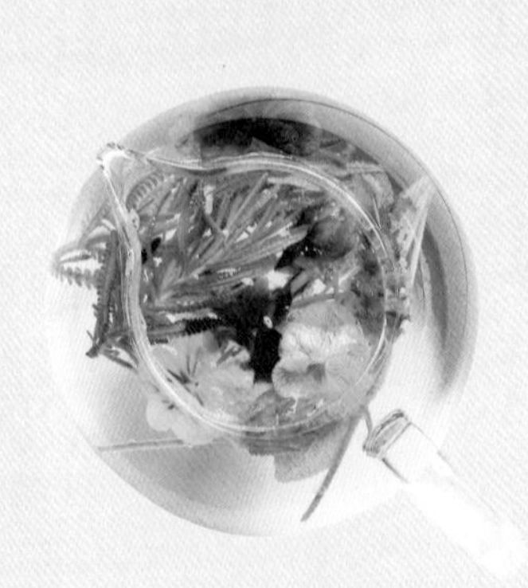

香堇菜
10～15朵

薰衣草
10厘米×2枝

黄金鼠尾草
10厘米×1枝

Q 香堇菜与三色堇有何不同？三色堇也可以冲泡茶饮吗？

香堇菜与三色堇同属堇菜科，其最大的不同，在于花朵的大小。香堇菜花朵较小，且带有淡淡的香气；三色堇的花朵较大，但不具有香气。两者同样都属于可食性花朵，可以加入茶饮与入菜。

搭配 3 香堇菜 + 葡萄汁

香堇菜可搭配各式果汁，特别是可食的花卉，不用加热就能带来视觉享受及美味的口感。

香堇菜
10～15朵

葡萄汁
300毫升

其他搭配推荐

香堇菜 + 柠檬罗勒

香气独特，茶汤极美，塑造出茶饮最大的视觉效果。

香堇菜 + 紫苏

兼具口感与色泽，就算没有男女主角茶饮香草的加持，也能品尝到绝妙口感。

柠檬罗勒　　紫苏

香堇菜 栽培重点

香堇菜可说是每年冬、春必种的香草植物，在全日照的环境下会生长快速，并开出花来。换盆添加基肥时，可同时施加氮肥及磷肥。非常不喜好潮湿的环境，因此必须在土壤即将完全干燥时，再予以供水。

事项	春	夏	秋	冬	备注
日照环境	全日照		全日照	全日照	
供水排水	即将干燥时供水，排水要顺畅				
土壤介质	一般壤土及培养土皆可				
肥料供应			施加有机氮肥以利生长	施加磷肥	
繁殖方法	收集种子待立秋后种植		播种	播种	播种为主
病虫害防治	开花期，可尽量摘蕾以促进再开花	隶属一年生香草，无法过夏，可等中秋节过后再播种		开花期，可尽量摘蕾以促进再开花	耐寒性强
其他					

Q 在没有香堇菜的季节，可以用什么花朵来代替？

在夏季没有香堇菜时，可选择石竹或是紫孔雀来点缀茶汤的色彩。

Q 香堇菜除了冲泡茶饮，还有什么运用吗？

香堇菜与三色堇都被称为“猫儿脸”，花卉有单色，也有复色，甚至有三色，因而得名。由于其多样性的花色，除了适合冲泡茶饮外，运用在烹调中，如沙拉类，或是与水果一起搭配，或是运用在烘焙上，都非常亮眼。另外，还可以运用在压花等花艺作品上。

微凉的时节，各色香堇菜带来了春意。

忍冬科，常绿藤本植物

金银花

HONEYSUCKLE

学名 / *Lonicera japonica*

清毒解热、预防感冒

金银花须摘除蒂头后使用。

口感与香气

金银花具有清新的香气，茶汤爽口。属于可食性花卉，口感非常的清脆，在饮茶的同时可直接食用。炖汤时也可加入。

泡茶的部位

主要以花卉入茶，花卉初期是纯白色，会渐渐转为黄色，然后凋谢。白花或黄花都可以运用在茶饮当中，香气与口感相同。

采收季节与方式

主要于季节转换的春、秋之际采收花卉。此时花卉精油成分较高，茶饮的香气最为芳醇。可直接用手采摘，或是用花剪将整个枝条剪下，再取其花卉的部分，枝条可以再进行扦插。

身心功效

具有清毒解热的功效，另外也有预防感冒的效果。特别是黄白色的花朵，可在饮茶过程直接食用，也有帮助消化的作用。

尤老师小提醒

主要花期在春、秋两季，但若栽培的植株超过三年以上，甚至可以全年开花，可说是花旦的茶饮用香草中最容易取得花卉的品种。

金银花茶饮 私房搭配推荐

☑ 复方

金银花可以和其他茶饮香草一起浸泡在热水中，约3分钟就会有香气扑鼻而来。比较不适合单独冲泡，香气与口感会过于单调。

搭配1 金银花＋柠檬马鞭草

金银花的花香，搭配柠檬马鞭草清爽的柠檬香气，适合在春、秋季节转换之时饮用，可以预防感冒。

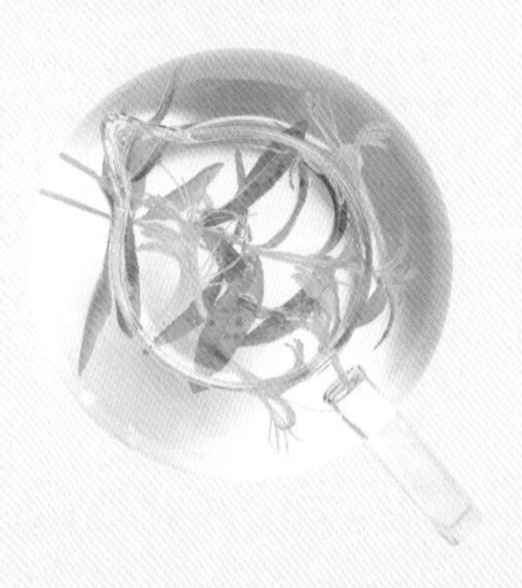

金银花
10～15朵

柠檬马鞭草
10厘米×1枝

搭配2 金银花＋百里香＋蓝小孩迷迭香

具有杀菌效果的百里香，搭配提神醒脑的迷迭香，再加上清毒解热的金银花，可以舒缓感冒症状。百里香可用绿百里香或女主角的柠檬百里香替代，迷迭香则可以选择蓝小孩迷迭香，香气温和，值得推荐。

金银花
10～15朵

百里香
10厘米×3枝

蓝小孩迷迭香
10厘米×1枝

Q 金银花还有一种红花的品种，也可以冲泡茶饮吗？

可以，红花品种金银花刚开花为红色，渐渐会变成黄色，其香气及口感都是相同的。红花品种早期在台湾并不常见，直到近年香草植物慢慢生活化之后，已经可以在苗圃或是花市寻觅到。栽种上与一般的金银花相同，开花性也很强。

搭配 3 金银花 + 果冻

在果冻的制作过程，可直接加入新鲜的金银花花卉，增加色泽，也可同时食用。也可以直接购买果冻，在其上摆上花卉。其中以葡萄果冻最为搭配。

金银花
10~15朵

果冻
1个

其他搭配推荐

金银花 + 柠檬香蜂草

香蜂草的柠檬香气，与金银花非常相配，也可改用黄金柠檬香蜂草，色泽更加美丽。

金银花 + 紫苏

金银花可以搭配红紫苏，欣赏黄、白、红色的茶汤。也可以使用绿紫苏。

柠檬香蜂草

紫苏

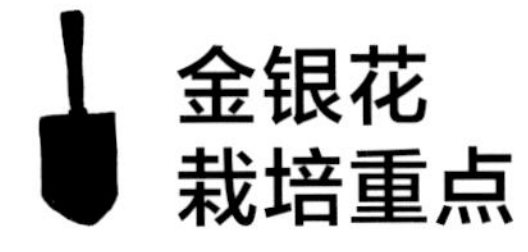

金银花
栽培重点

金银花的栽种非常简单，也很容易照顾。可以在春初购买幼苗进行换盆，或到亲朋好友家剪下金银花的枝条，回家进行扦插，由于发根率很高，很快就可以成株。开花期前可施加氮肥及磷肥，植株生长会更茁壮，开花数也更多。

事项	春	夏	秋	冬	备注
日照环境	全日照	全日照	全日照	全日照	
供水排水	土壤干燥再一次浇透，排水须顺畅				
土壤介质	对土壤要求不严				
肥料供应	开花期前同时追氮肥与磷肥		开花期前同时追氮肥与磷肥		
繁殖方法	扦插		扦插		播种、扦插
病虫害防治	要防范虫害	要防范病害，保持通风并加以修剪			病害有褐斑病，要加强通风管理。虫害有蚜虫、红蜘蛛等，可用有机法防治
其他	夏季因为有台风侵袭，可以适时加以修剪				

Q 金银花又称为“忍冬”，是指冬季生长最好吗？

并不是，金银花生长最好的季节，是在每年的秋分过后。由于进入冬季，并不会落叶，还可以继续生长，因此有“忍冬”之称。经过长期驯化，已经很适合台湾的气候特性，抗旱又耐湿，只要有充足的日照，就可以生长得很好。特别要注意的是，最好种植在围篱旁或是有棚架的场所，其具有蔓爬的特性，可以延伸成一个面。

金银花的枝条会蔓爬，属于蔓藤性的香草植物，种植于围篱或棚架旁，可以延伸成一个面，当整片花朵绽放时，非常漂亮。

菊科，多年生草本植物

紫锥花

CONEFLOWER

学名 / *Echinacea purpurea*

清毒解热、增加抵抗力

口感与香气

紫锥花带有淡淡的清香，加入茶饮也非常顺口。在国外，人们总是会在仲夏夜，喝上一杯紫锥花茶，非常惬意。

泡茶的部位

主要使用花卉部分，枝叶并没有加入茶饮当中。品种不少，其中以粉色及紫色的花卉最为合适。

采收季节与方式

花期很长，从春末到夏季结束都可采摘，其中又以夏季花朵最为盛放，可在春、夏之际陆续采收，越摘蕾，花开的越多。

身心功效

有清毒解热、增强抵抗力等功效，在夏日气温高时加以饮用，可以有效地消除暑意，防止中暑。看见美丽的花朵浸泡在茶汤，不禁令人心旷神怡，疲惫一扫而空。

check **尤老师小提醒**

紫锥花这些年来引进台湾，经过引种栽种与驯化，目前在各苗圃或花市，都可以寻得。在冲泡方面冷热皆宜，由于花朵较大，数量不宜过多。可以先用热水冲泡出香气，再加上冷水与冰块，即可饮用，在炎炎夏日，不失为消暑佳品。

紫锥花茶饮私房搭配推荐

☑ 复方

紫锥花与香气独特的男主角茶饮香草互相添加效果最好，尤其是薄荷类，可促进食欲、帮助消化。另外，与柠檬系列的女主角茶饮香草，彼此添加也很合适。

搭配1 紫锥花＋薄荷

紫锥花美丽的花朵，搭配夏季清凉的薄荷（特别是在台湾生长最好的荷兰薄荷），香气淡雅，滋味爽口。若想增添甘甜口感，可加入蜂蜜或枫糖等。

紫锥花
1～3朵

薄荷
10厘米×2枝

搭配2 紫锥花＋德瑞克薰衣草＋紫红鼠尾草

德瑞克薰衣草的枝叶，可以为茶汤带来独特微妙的香气。再搭配紫红鼠尾草以及紫锥花，更增添了茶汤的色彩，非常推荐。

紫锥花
1～3朵

德瑞克薰衣草
10厘米×1枝

紫红鼠尾草
10厘米×1枝

Q 紫锥花也可以运用在烹调方面吗？

紫锥花虽有高雅的香气，但直接食用会有少许苦涩味。建议如果在烹调中使用，最好将花瓣剁碎混加入绞肉，或是整朵花沾面糊油炸。另外，作为料理盘饰也是很好的选择。

搭配 3 紫锥花＋茉莉绿茶

夏季午后的雷阵雨，总是让人感到郁闷，在此时冲泡紫锥花与茉莉绿茶的茶饮，可以洗涤心灵，使心情平静。

紫锥花 1～3朵

茉莉绿茶 500毫升

其他搭配推荐

紫锥花＋百里香

绿叶百里香或是柠檬百里香，都与紫锥花非常地相配。

紫锥花＋玫瑰天竺葵

紫锥花与玫瑰天竺葵的叶、花一起冲泡，能有效改变气氛，增加生活情趣。

百里香

玫瑰天竺葵

紫锥花 栽培重点

紫锥花可以播种与扦插，扦插以每年春季最为合适。可在苗圃直接购买成株的植栽来扦插，等到发根之后，适当施予氮肥及磷肥，即可在当年夏季开花。花朵要经常采摘，会促进再开花。紫锥花特别喜欢全日照的环境。

事项	春	夏	秋	冬	备注
日照环境	全日照	全日照	全日照	全日照	
供水排水	即将干燥时再供水，排水须顺畅				
土壤介质	一般壤土及培养土皆可				
肥料供应	追加氮肥	开花期前 追加海鸟磷肥	追加氮肥		
繁殖方法	扦插为主			冬季生长状况较差，甚至会枯萎	
病虫害防治	病虫害不多，但要经常摘蕾，以促进再开花				
其他					

Q 在台湾种植紫锥花，需要注意什么呢？

紫锥花引进台湾已经一段时间，经过农政单位的培养与驯化，目前都能适应台湾的气候，甚至在高温多湿的夏季，也能开出花来。只是到了冬季比较不耐低温，甚至会枯萎。另外，建议可以进行地植，挖沟堆垄，增加排水性，由于抗旱性较强，尽量避免环境过于潮湿。

Q 紫锥花为什么被称为保健植物？

紫锥花在国外被视为保健植物，据研究报告显示，紫锥花可以有效地改善体质，增强免疫力。特别是从花卉提炼的化学物质，有助身心健康，因此在国外的保健食物、药品、饮料，甚至是胶囊中，都会添加紫锥花。

在高温多湿的夏季，也能开出花来。

忍冬科，台湾种植为常绿灌木

西洋接骨木

ELDER

学名 / *Sambucus nigra*

利尿、镇痛

口感与香气

纯白色花朵有淡淡的清香，气味令人舒爽。属于可食性花卉，口感非常柔顺，在饮用添加接骨木花的茶饮时吃下花卉，别有一番滋味。

泡茶的部位

主要使用的部位是花卉，枝、叶与果实较不会使用。茶饮通常以直接采摘的新鲜花卉冲泡，由于花朵较大，可用花剪稍微将花朵剪开以便冲泡。

采收季节与方式

接骨木开花的季节集中在每年4～12月，花期很长。若是露天种植，会长得很高大，地植后约第二年就会开始开花，由于是高性灌木，生长期久，每年都可以采摘花朵。

身心功效

接骨木花冲泡茶饮，有利尿、镇痛等效果，对于消化也有助益，可舒缓胃胀。由于纯白色花朵非常美丽，可以整体提升茶汤的视觉效果。

尤老师小提醒

由于台湾气候与环境接近接骨木原产地斯里兰卡等地，十分有利于其生长，因此开花期很长。最早在每年春初（约4月）即会开花，直到秋末冬初，甚至12月，也有开花记录。随时可将花朵采摘下来，用水稍微浸泡漂洗一下，即可以热水冲泡。

西洋接骨木茶饮私房搭配推荐

☑ 复方

接骨木在欧美有“家中必备的医药箱”之称，也被应用在茶饮上，尤其花卉使用更是普遍。茶饮中可搭配男女主角茶饮香草，形成复方香草茶，甚至也可搭配料理用的配角茶饮香草。

搭配 1 接骨木花＋柠檬百里香

接骨木的花与百里香系列非常搭，无论是绿叶百里香或柠檬百里香，都有麝香酚香气，搭配接骨木独特的香气，是相当值得一试的组合。

接骨木花
1朵

柠檬百里香
10厘米×3枝

搭配 2 接骨木花＋黄金柠檬香蜂草＋欧芹

黄金柠檬香蜂草具有接近金黄色的叶片，芬芳的柠檬香气与鲜艳叶色，与具营养价值的欧芹非常搭，加上接骨木花朵，可帮助消化，适合饭后饮用。

接骨木花
1朵

黄金柠檬香蜂草
10厘米×2枝

欧芹
10厘米×1枝

Q 冇骨消与接骨木非常相近，也可以冲泡茶饮吗？

冇骨消与接骨木在叶片上非常相近，但前者花朵在白花中另有黄色蜜腺；另外冇骨消为多年生草本，接骨木则是高性灌木；冇骨消果实为红色，接骨木为黑色。冇骨消花因为没有香气且口感不好，并不会被用于茶饮。

搭配 3 接骨木花＋优酪乳

两者外观同为纯白色，也都具有助消化、舒缓胃胀的功效，非常适合吃完大餐后饮用。

接骨木花
1朵

优酪乳
300毫升

其他搭配推荐

接骨木花＋薰衣草

薰衣草可用花、枝、叶，与接骨木花一起冲泡，有镇痛及舒缓神经的效果。

接骨木花＋奥勒冈

接骨木花与配角茶饮香草也非常相配。奥勒冈也可改用甜马郁兰。

薰衣草

奥勒冈

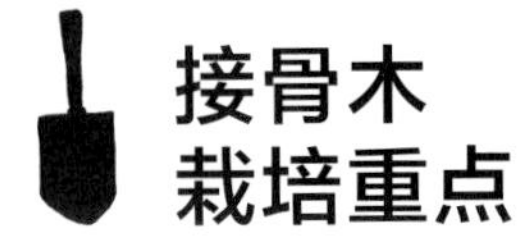

接骨木 栽培重点

接骨木在国外属于落叶灌木，但由于台湾冬季温度并不会低于零度，所以经年常绿。由于会有走茎现象，因此容易形成聚落。盆具栽培生长较缓慢，若地植就会快速生长。

事项	春	夏	秋	冬	备注
日照环境	全日照	全日照	全日照	全日照	
供水排水	土壤干燥再一次浇透，排水须顺畅				
土壤介质	对土壤要求不严				
肥料供应	追肥（磷肥为主）		追肥（氮肥为主）		
繁殖方法	扦插		扦插		扦插、分株
病虫害防治					病虫害少
其他	由于生长快速，要经常修剪，以免形成丛生状态而导致通风不佳				

Q 听说接骨木很容易栽种，但为什么我每次都种不好？

是的，接骨木非常好栽种，虽然无法从播种开始，但扦插非常容易。建议可以同时购买两株幼苗，一株种植在较大的盆具中，另一株则可以直接露天种植，观察其生长状态，通常地植的接骨木会快速生长。此时可以修剪地植的接骨木枝条来扦插，由于发根性强，没多久就会有很多新植株了。另外，日照需充足，生长才会良好。

通常地植的接骨木会快速生长。

Q 接骨木就字面上来看，是否有接骨的功能？

并非如此。接骨木的木质化枝干很像骨头连接的部位，故因此得名。叶片与果实实际运用较少，但因为树干相当结实，在后罗马帝国时代，常用来制作十字架。食用或饮用的部位以花朵为主。

豆科，多年生草本植物，台湾多作为一年生

蝶豆 BUTTERFLY PEA

学名 / *Clitoria ternatea*

抗氧化、利尿、止痛

口感与香气

蝶豆香气清淡，口感独特，花朵可食，但为了让茶汤颜色变鲜艳，大部分会加入茶饮中，作用为增加视觉效果。

泡茶的部位

茶饮主要使用花卉部位，叶片及豆荚则较常运用在烹调方面。属于蔓爬性藤本，枝条部分则比较不会运用在茶饮与烹调方面。

采收季节与方式

春、夏、秋为主要的开花季节。采集花卉建议选择在清晨时刻，因为此时花朵会保留在枝条上，到了下午，花朵比较容易掉落。

身心功效

含有花青素，具有抗氧化的效果，另外还能利尿、止痛，在茶饮中因为有变色的效果，可以改变气氛，舒缓心情。

尤老师小提醒

在气候转变时容易开花，因此春、秋两个季节开花性较强。由于开花期久，春、夏、秋都能采收，若花朵数量太多，可以干燥保存。花朵不论新鲜或干燥，都具有让茶汤变色的效果。冲泡时适合用80℃左右的热水，与其他茶饮香草搭配时，可直接一起冲泡。

蝶豆茶饮 私房搭配推荐

☑ 复方

蝶豆花的花卉具有染色的视觉效果，能增加喝香草茶时的乐趣。无论是新鲜或干燥花卉，都可以搭配男女主角、配角茶饮香草，但不建议单独冲泡，会显得比较单调。

搭配 1　蝶豆花＋百里香

百里香是最适合与蝶豆花搭配的茶饮香草，一起冲泡不仅有特别的香气口感，还有色泽变化。蓝色茶汤常让人陶醉于香草茶饮的无穷乐趣中。

蝶豆花
3～5朵

百里香
10厘米×3枝

搭配 2　蝶豆花＋柠檬马鞭草＋水果鼠尾草

柠檬马鞭草的柠檬香搭配鼠尾草，尤其是水果鼠尾草，可以让茶饮兼具香气与口感，此时再搭配蝶豆花，带出色泽的变化。在蓝色茶汤中添加柠檬的汁液，会让颜色转变为粉紫色。

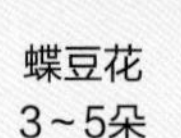

蝶豆花
3～5朵

柠檬马鞭草
10厘米×1枝

水果鼠尾草
10厘米×1枝

Q 蝶豆花有分单瓣、重瓣的品种，另外还有白花品种，这些都可以冲泡茶饮吗？

蝶豆花较常见的是单瓣蓝花品种，这也是原生品种。经过混交后，重瓣品种目前在苗圃栽培也非常普遍。白花品种则比较少见，但也有同一植株同时开出蓝花与白花的现象。白花蝶豆花当然也能加到茶饮中，但因为没有变色效果，因此通常运用于观赏方面。

搭配 3 蝶豆花 + 可尔必思①

乳白香甜的可尔必思是女性及小朋友的最爱，若是加上热水浸泡后放凉的蝶豆茶汤，能让色泽变得更加多元，再加上一些白酒，就是既好喝又漂亮的可尔必思沙瓦②了。

蝶豆花
3~5朵

可尔必思
300毫升

其他搭配推荐

蝶豆花 + 柠檬天竺葵

柠檬天竺葵的柠檬香气，加上变色茶汤，能带来视觉与嗅觉的享受。

蝶豆花 + 甜罗勒

营养丰富的甜罗勒加上蝶豆花，颜色与味道都十分讨喜。

柠檬天竺葵

甜罗勒

① 日本饮品，为酸乳饮料。
② 沙瓦一词源于日本，是鸡尾酒的一种。

蝶豆 栽培重点

刚开始栽培蝶豆花，可以买幼苗回来换盆或露天种植。开花后，会结出豆荚，里面有种子，可以在干燥后保存起来，可选择在隔年春天用播种法来繁殖。由于蝶豆花具有爬藤性，所以栽种的四周必须有支柱或网架，以利其攀爬。

事项	春	夏	秋	冬	备注
日照环境	全日照	全日照	全日照	全日照	
供水排水	即将干燥时再供水，排水须顺畅				
土壤介质	一般壤土及培养土皆可				
肥料供应	追加氮肥	开花期前 追加海鸟磷肥	追加氮肥		
繁殖方法	播种 扦插皆可		趁开花后 保存豆荚里的 种子		
病虫害防治	病虫害不多，但要经常摘蕾，以促进再开花				
其他	台湾北部山区较不容易度过冬季				

Q 蝶豆花好像无法在台湾度过冬季，有什么解决方法吗？

蝶豆花虽属于多年生草本，但由于台湾北部冬季较严寒，所以到冬天就会枯萎。因此建议在台湾北部栽培蝶豆花的同好入冬前先收集种子，等适合栽培的春季到来再播种，由于蝶豆花生长快速，当年就能开花。至于中南部因气候不像北部寒冷，加上苗圃业者大都采用设施栽培，过冬不是问题。

Q 最近蝶豆花茶饮非常流行，这是为什么呢？

因为网络上与新闻媒体报道提到了蝶豆花具有抗癌的功效，所以一时间蔚为风潮。其实同样现象也发生在芦荟与南非叶上。不过罹病的患者应该遵从医师的指示。从香草生活的角度来看，蝶豆花的功用以带来茶饮乐趣为主。

Q 蝶豆花除了茶饮外，还有什么其他用途？

蝶豆花原产于亚洲热带，被东南亚许多国家当天然色素添加在食品中。台湾南部早期已有栽种，与向日葵一样作为绿肥植物使用。但自从新鲜香草茶饮风行后，加上大家开始重视食品安全问题，食物染色从人工色素转向天然色素，蝶豆花正是其中一种。

茜草科，常绿灌木

栀子花

CAPE JASMINE

学名 / *Gardenia jasminoides*

消除疲劳、改善气氛

口感与香气

只要靠近花朵就能嗅闻到浓郁的香气。由于栀子花不属于直接食用的花卉，因此大部分都是取其香气，添加搭配的其他香草而增加层次感。

泡茶的部位

以花卉为主，其他茎、叶很少使用。由于花卉较硕大，因此大约加1～3朵到茶汤中。开花后大概1～3天就会凋谢，花朵会变枯黑，此时就不再适合使用。

采收季节与方式

栀子花开花期主要在每年四月，大致在由冷转热的季节。如果是露天种植会密集开花；盆器栽培的开花数量较少，在开花时可以用花剪或手采摘，并趁新鲜时冲泡。

身心功效

具有提振精神、消除疲劳的功效，香气也能改善气氛，令人愉悦。虽然花期很短，然而正因如此，开花季所采摘下来的花卉冲泡茶饮，养生效果更佳。

尤老师小提醒

栀子花开花季集中在春季，由于开花期短，因此要把握好花讯，在清晨采摘花朵，新鲜使用。花朵不易干燥保存，最好采摘当天就搭配其他茶饮香草冲泡，建议在最后才添加，以保持其色泽。

栀子花茶饮 私房搭配推荐 ☑ 复方

许多同好相当青睐茉莉与栀子花的香气，主要是因为它们的香气都比较浓郁，加上花期极短，弥足珍贵。栀子花可搭配男女主角或配角茶饮香草一起冲泡。

搭配 1 栀子花＋柠檬天竺葵

搭配女主角茶饮香草，可同时享受柠檬的果香与浓郁的花香，让一天的精神饱满，元气十足。

栀子花
1～3朵

柠檬天竺葵
10厘米×1枝

搭配 2 栀子花＋苹果天竺葵＋百里香

百里香能有效杀菌，苹果天竺葵具有营养价值，加上栀子花消除疲劳的功效，在一天工作结束后来上一杯，既健康又惬意。

栀子花
1～3朵

苹果天竺葵
10厘米×1枝

百里香
10厘米×3枝

Q 栀子花适合与其他花旦茶饮香草一起冲泡吗？

栀子花的香气浓郁，不适合与其他花旦一起混合冲泡。不过开花的薰衣草或百里香倒是无妨，因为这两种都会连枝带叶一起冲泡，且男主角茶饮香草适合与其他香草搭配，所以相当对味。

搭配3 栀子花＋抹茶

抹茶有丰富营养，是日本人的最爱，搭配同为日本人喜爱的栀子花，纯白的花卉，让人仿佛造访北国大地，带来异国的情调。

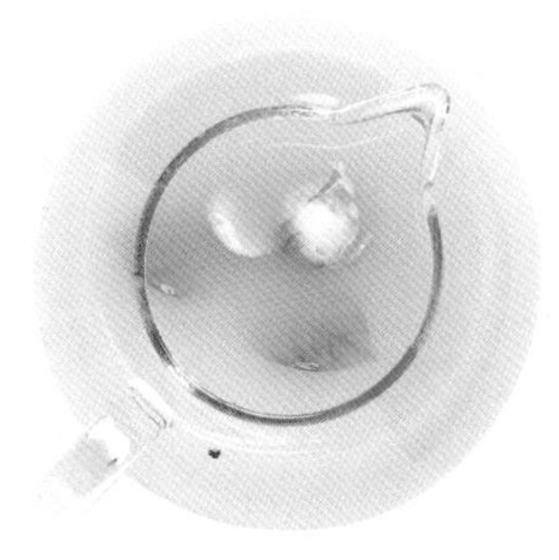

栀子花
1～3朵

抹茶
10克

其他搭配推荐

栀子花＋薄荷

薄荷搭配栀子花有清凉与视觉的双重效果，因此适合在春、夏之际饮用。

栀子花＋茴香

营养价值极高的茴香，搭配香气浓郁的栀子花，彼此相得益彰，让人心旷神怡。

薄荷

茴香

栀子花
栽培重点

栀子花可选择在春天购买幼苗，由于抗旱、耐湿，很适合大陆南方的气候条件与栽培环境。当年度就会开花，但数量较少；到了隔年的一、二月，可添加海鸟磷肥，促进其开花。

事项	春	夏	秋	冬	备注
日照环境	全日照	全日照	全日照	全日照	
供水排水	土壤即将干燥时供水，排水尽量顺畅				
土壤介质	一般壤土或培养土皆可				
肥料供应	开花期前 追加海鸟磷肥				
繁殖方法			扦插	扦插	
病虫害防治					病虫害不多
其他	适合直接露天种植				

Q 栀子花的花期短，新鲜花卉是否比较不容易取得？

栀子花在花旦茶饮香草中花期偏短，往往集中在春、夏之际，开花之后就必须等到第二年，因此价值珍贵。也正因如此，把握开花期饮用最新鲜的花卉茶饮，便成了最高级的享受。

Q 栀子花采摘下来没多久就会发黑，如何避免呢？

栀子花被摘下后，花瓣很容易发黑，建议连枝带叶插在水瓶中，如此可保持大约1～3天。将花朵放入冰箱冷藏也可以增加保存期限；但最好的方式还是现摘现用。如果花朵数量甚多，不妨收集起来，蒸馏做成纯露，可运用于清洁与护肤。

早期栀子花为单瓣品种，为了增加其观赏价值，后来又出现重瓣品种，也就是俗称的“玉堂春”。

具有较特殊的香气，
适合单独冲泡，
使用上宜少量。

特技演员

香气特殊，适合单方冲泡，使用宜少量

茶饮中的“特技演员”，顾名思义，其香气及口感较为独特，并非所有人都可接受，且其功效因人而异，因此特别归纳出一类，供同好冲泡茶饮时参考。

凤梨鼠尾草的水果香气甚浓，常会抢了其他茶饮香草的香气，因此适合单独冲泡。猫穗草则是中药中不可或缺的药草，但有些人无法接受其气味。芳香万寿菊虽然接受度高，却不一定适合每个人的体质，必须少量使用。鱼腥草的气味通常不易被接受，然而在茶饮中，却又能产生不一样的气味。至于到手香，早期就被使用在民俗疗法中，知名度极高，且几乎大家都有栽种。

特技演员尽量不要与其他香草搭配，以单独冲泡为主。由于香气与口感独特，并不建议每天冲泡饮用，使用时分量宜少不宜多，属于比较特殊的茶饮香草。

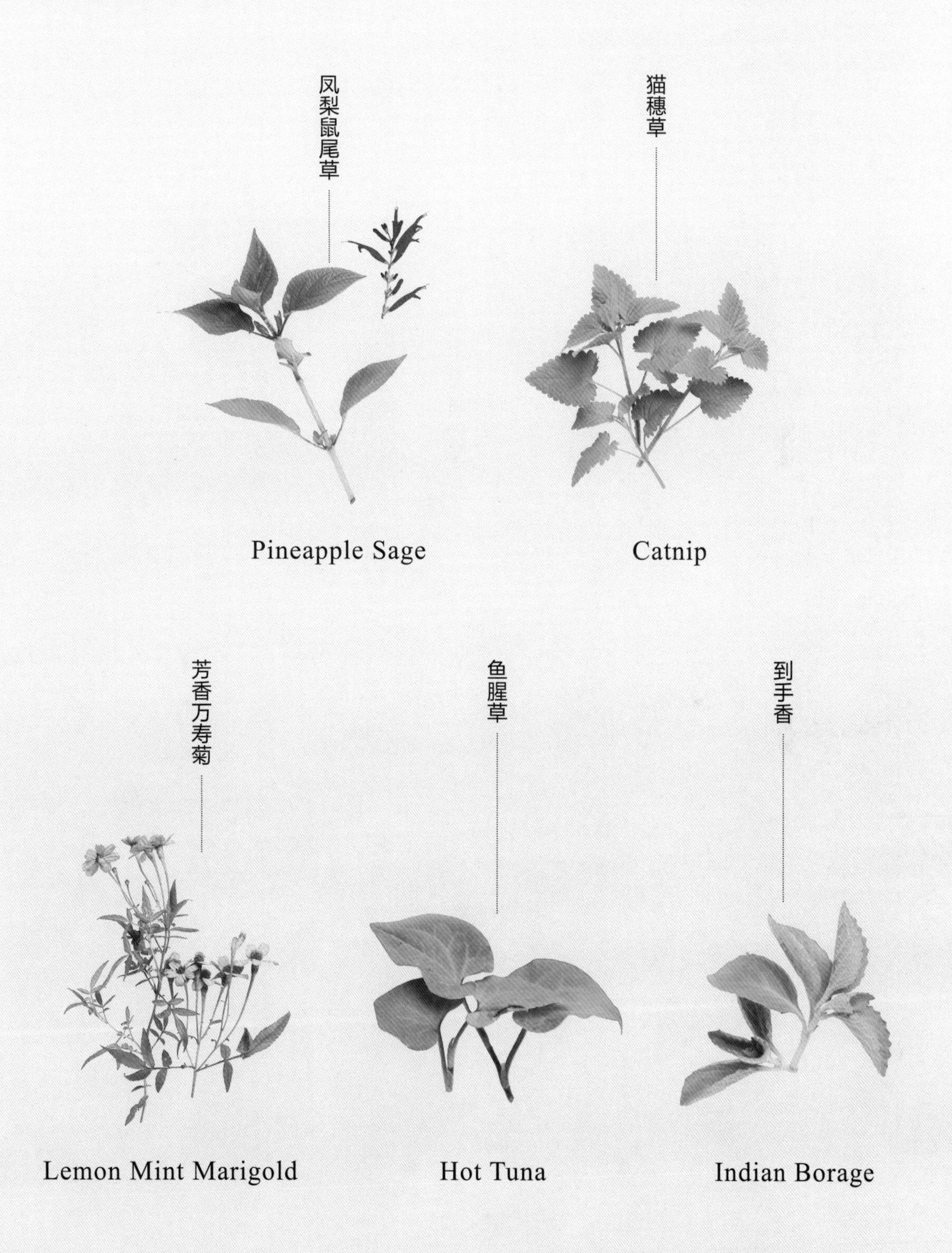
凤梨鼠尾草
猫穗草
Pineapple Sage
Catnip
芳香万寿菊
鱼腥草
到手香
Lemon Mint Marigold
Hot Tuna
Indian Borage

唇形花科，多年生草本植物

凤梨鼠尾草

PINEAPPLE SAGE

学名 / *Salvia elegans*

帮助消化、提振精神

☑ **单方**

口感与香气

具有类似凤梨的香气，由于气味浓郁，并非人人都能接受。口感也很醇厚，与配角茶饮的鼠尾草风味迥然不同。

泡茶的部位

花、叶、茎皆可冲泡，主要开花期集中在秋、冬之际，为红色的花朵，呈穗状花序排列。冲泡茶饮通常用叶片及枝条，尤以顶端的嫩芽部位为佳。

采收季节与方式

由于属于多年生，生长期长，因此可随时采摘下来冲泡茶饮。直接以花剪剪下，从顶端算下来10厘米左右剪，数量约1～3枝，可随个人的浓郁喜好程度决定，用80℃热水冲泡，大约3分钟即可。

身心功效

能帮助消化、提振精神，在冲泡其他复合香草茶之余，可以转换心情，改喝单方冲泡的凤梨鼠尾草茶饮。

尤老师小提醒

由于容易取得，可随时采摘，不须先经过干燥。其中又以秋、冬、春三季最为合适。由于香气浓郁，不喜欢太过浓香的同好，建议少量冲泡。

凤梨鼠尾草
栽培重点

凤梨鼠尾草是所有鼠尾草属中较易栽种的品种，可在任何季节购买幼苗回来栽种，并以扦插法繁殖。由于生长快速，就算不施肥也能生长得很好，适合在庭园或露天直接种植。

事项	春	夏	秋	冬	备注
日照环境	全日照	半日照	全日照	全日照	
供水排水	排水良好，略带干燥的环境 等土壤即将完全干燥时，再一次浇透				
土壤介质	碱性肥沃的土壤				
肥料供应	施予氮肥		施予氮肥		就算不施肥 也可以 生长得很好
繁殖方法	扦插		扦插	扦插	
病虫害防治		忌讳夏季 高温、多湿， 要经常修剪			春、夏之际 容易有虫害， 可用有机方法 防治
其他	适合直接露天种植				

Q 凤梨鼠尾草与其他鼠尾草属品种最大的差别在哪？

由于鼠尾草属的品种很多，台湾刚引进香草时，主要以绿叶、黄金、紫红、三色等药用性品种为主，随着香草植物逐渐风行，这些带有水果香气的鼠尾草也陆续被引进，如水果鼠尾草、凤梨鼠尾草及樱桃鼠尾草等。鼠尾草属品种主要差别在于香气的特征不同，香气具有多样性。

带有水果香气的樱桃鼠尾草。

Q 照顾凤梨鼠尾草需要注意哪些事项？

鼠尾草的栽培通常忌讳高温、多湿的环境，因此在夏季生长比较不佳。不过夏季若是高温而无雨，或是下雨后并没有迅速回到高温，就会生长得不错，甚至可以过夏。近年来凤梨鼠尾草经过驯化，比较能适应台湾的气候环境，但经常修剪及维持充足的日照还是必要的。

唇形花科，多年生草本植物

猫穗草

CATNIP

学名 / *Nepeta cataria*

预防感冒

单方

口感与香气

有人形容猫穗草口感如菠菜汁，香气也类似蔬菜香。干燥后的叶片即是中药材“荆芥”，因此闻起来有一点中药气味。

泡茶的部位

以叶、茎为主，可直接摘下叶片冲泡，也可以连叶带枝（以嫩枝为最佳）。花卉也可以泡茶，主要开花期为入秋时节，此时香气也最为芳醇。

采收季节与方式

由于是多年生，全年都可以采摘，但夏季生长状况较不佳。用花剪将嫩叶带枝一起剪下，以80℃左右热水冲泡。数量多少视个人喜好决定，但普遍来说宜少不宜多，否则会太过浓郁。

身心功效

有预防感冒的效果，适合在季节转变的秋季及春季饮用。中药主要针对呼吸系统症状，直接饮用也可舒缓疼痛。

尤老师小提醒

我早期栽种香草时，猫穗草是最成功栽种出来的品种，当时因为故乡的落山风强劲，当我有感冒前兆时，就直接冲泡猫穗草饮用，症状缓和许多。因此春、秋甚至冬季，都可以用猫穗草冲泡茶饮，此时也正是它生长最好的季节。

猫穗草
栽培重点

栽种猫穗草，播种或购买幼苗换盆皆可，等到生长较大时，就可以剪下枝条来扦插。其中播种的幼苗会比较茁壮。由于不耐多湿的环境，在供水上要特别注意。另外，日照良好也是生长的必要条件。

事项	春	夏	秋	冬	备注
日照环境	全日照	半日照	全日照	全日照	
供水排水	土壤干燥后再一次浇透，排水须顺畅				
土壤介质	一般培养土或壤土皆可				
肥料供应	入春之际 追加氮肥		入秋之际 追加氮肥		
繁殖方法	扦插		播种或扦插	扦插	播种、扦插， 以扦插为主
病虫害防治		夏季高温、多湿 要注意通风 且要经常修剪			病虫害不多
其他	喜爱干燥场所。需适时摘蕾以促进叶片生长				

Q 除了猫穗草外，猫薄荷及猫苦草也可以加入茶饮中吗？

猫穗草又被称为“白花猫薄荷”，但实际上两者的外形及香气相差非常大。猫穗草带有香气，猫薄荷则没有；而猫薄荷口感不佳，在紫花盛开时节十分漂亮，因此大都作为观赏用。至于猫苦草有醋味，并且不是同属品种，更不适合加入茶饮之中。

猫薄荷不适合泡茶，大都作为观赏用。

猫苦草有醋味，不适合加入茶饮。

Q 猫穗草的栽培环境，需要注意什么呢？

猫穗草对环境的要求不大，只要日照充足及排水良好就很容易栽培。其中又以直接露天栽种生长速度较快。由于会吸引猫咪啃食，所以尽量不要种在容易有猫咪经过的地方。但反过来说，身为“猫奴”的我们如果种植了猫咪喜欢的香草，何尝不是值得高兴的事？况且猫穗草对猫咪的消化系统极有好处。

我的农园养有猫咪，它们对猫穗草与猫苦草特别感兴趣，经常会啃食。

菊科，多年生草本植物

芳香万寿菊

LEMON MINT MARIGOLD

学名 / *Tagetes lemmonii*

帮助消化、提振精神

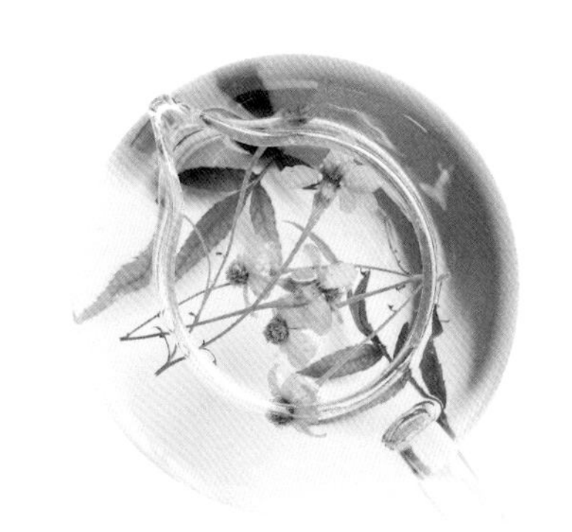

☑ 单方

口感与香气

具有类似百香果的香气，气味浓郁，口感扎实。由于香气过于独特，与其他茶饮香草一起冲泡效果不佳，比较适合单独冲泡。

泡茶的部位

主要以叶、茎为主，其中又以嫩枝、嫩叶为最佳，在开花期的秋、冬季节会开出黄色小花，可同时加入茶饮中。

采收季节与方式

一年四季都可采收，由于生长快速，越摘芯长得越快。香气以春、秋两季最为芳醇。可用花剪从顶端算下来约10厘米处采收。

身心功效

有帮助消化、提振精神的功效，饭后来上一杯有助于舒缓胃胀。饭前一小杯则可帮助增进食欲。

尤老师小提醒

由于是特技演员茶饮香草，不一定适合每个人，所以冲泡量不宜多。若非搭配其他香草不可，选择男主角茶饮香草的薄荷比较合适，因为同样有帮助消化的效果。

芳香万寿菊 栽培重点

芳香万寿菊可说是很好栽培的香草植物，生长期也长。在秋、冬之际会开出黄色花卉，开花期甚至会延长到春末（四月）左右。在秋季开花期前扦插，发根率最高。

事项	春	夏	秋	冬	备注
日照环境	全日照	全日照	全日照	全日照	日照须充足
供水排水	土壤即将干燥时供水，排水要顺畅				
土壤介质	一般壤土及培养土皆可				
肥料供应	换盆时 添加有机氮肥		追加氮肥		定植或换盆时 添加有机氮肥 当基础肥
繁殖方法	扦插		扦插	扦插	播种、扦插， 以扦插为主
病虫害防治	适时予以修剪	适时予以修剪			植株强壮， 病虫害不多
其他	芳香万寿菊在春、夏之际若通风不良，常会导致叶螨（红蜘蛛）危害，可喷洒蒜醋水、辣椒水或葵无露				

Q 芳香万寿菊什么时候修剪比较适合呢？等到气温回暖吗？

芳香万寿菊生长快速，经常修剪并没有太大的问题。不过冬季是开花期，所以此时除了进行需要的采收外，并不会大肆修剪。在开花期结束的春、夏季，最好进行强剪。由于高温多湿而导致通风不良，容易产生病虫害，修剪能帮助植株再生长。

Q 芳香万寿菊最适合什么样的土壤？

一般原产于地中海沿岸的香草植物，例如薰衣草、迷迭香、鼠尾草等，最好使用排水性好的砂质壤土比较合适，而芳香万寿菊基本上不需太过挑选土壤，不过缺水将容易枯萎，建议尽量选择像黏质性壤土这种保水性好的土壤。

秋、冬之际开出黄色花卉。

三白草科，多年生草本植物

鱼腥草

HOT TUNA

学名 / *Houttuynia cordata*

清毒解热、预防感冒

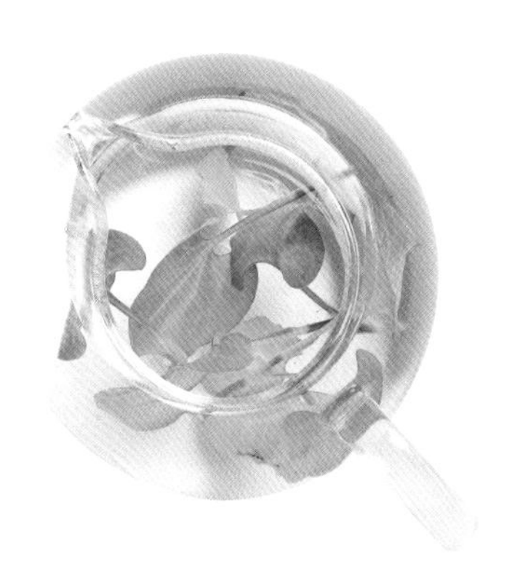

单方

口感与香气

若直接嗅闻叶片，会有类似鱼腥般不好闻的气味，但以热水冲泡成茶饮时，气味会转为类似果蔬汁的香气，口感也可以被接受。

泡茶的部位

主要使用嫩叶，可以带茎一起冲泡，花卉部位也可一起加入茶饮中。有时会与其他青草混合熬煮成青草茶。

采收季节与方式

一年四季皆可采收，春、秋两季是生长最好的季节，此时冲泡出来的茶饮比较好喝。使用80℃左右的热水，浸泡约3分钟即可饮用。

身心功效

由于具有清毒解热、预防感冒的功效，适合在季节转换或早晚温差较大的季节饮用。

尤老师小提醒

由于气味不佳，许多人因此避之不及，更别说冲泡成茶饮了。然而，一旦喝过就会喜欢上它。就好像臭豆腐一样，虽然气味不讨喜，但吃过就会爱上它，鱼腥草茶饮也是如此。不过冲泡量还是宜少不宜多。

鱼腥草 栽培重点

在亲友的农田或庭院中剪下几段嫩芽即可扦插，直接分株亦可。需要注意的是，因为鱼腥草蔓延性强，较不适合与其他植物进行合植，可以用长条盆直接栽培。

事项	春	夏	秋	冬	备注
日照环境	全日照	半日照	全日照	全日照	日照须充足
供水排水	喜欢较为潮湿的环境				
土壤介质	肥沃的砂质壤土及中性壤土				
肥料供应	添加氮肥		添加氮肥		
繁殖方法	扦插、分株、压条		扦插、分株、压条		扦插、压条、分株皆可，其中以压条最为便利
病虫害防治		保持通风并适时予以修剪		生长状况较差	容易发生叶斑病，常遭受红蜘蛛危害，可用有机方法防治
其他					

Q 鱼腥草的味道很不好闻，为什么可以泡茶？

很多人会觉得鱼腥草的气味不好闻，但以热水冲泡或熬煮后，类似鱼腥的气味就会不见，取而代之的是较清爽的香气与口感，甚至有人会将鱼腥草加入鸡汤中，吃起来特别爽口。

Q 鱼腥草的栽培环境，需要注意什么？

由于生长相当快速，甚至会蔓延成一大片，因此常被农民视为杂草铲除。由此可看出其旺盛的生命力，不特别挑选栽培环境，而在田边或水边生长得相当快。由于鱼腥草惧怕除草剂，因此其存在反而是有机栽培的最佳证明。

鱼腥草的生命力旺盛，很容易就蔓延成一大片。

唇形花科，多年生草本植物

到手香

INDIAN BORAGE

学名 / *Plectranthus amboinicus*

清毒解热、健胃

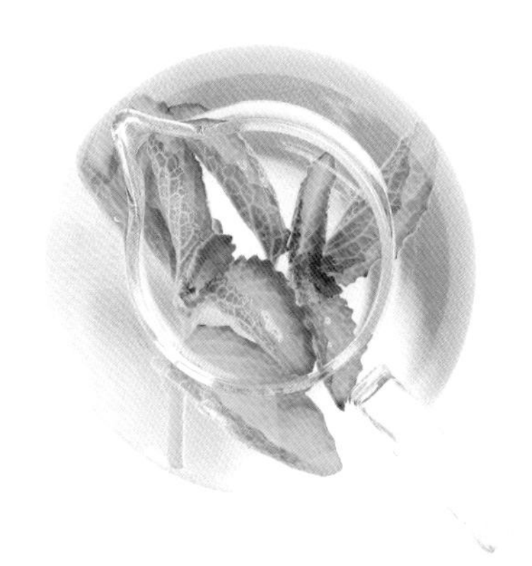

☑ **单方**

口感与香气

具有类似香柏的浓郁气味，口感强烈。虽说可以直接冲泡，但味道会比较呛鼻，而且口感独特，不一定所有人都可接受。

泡茶的部位

主要使用叶片，茎部比较少使用，开花期的花朵虽也可以加入茶饮中，但会让味道变得更浓郁，所以较少直接添加。

采收季节与方式

一年四季随时可以采收，其中以春季生命力最茁壮，甚至整个夏季也都可以采收。冲泡茶饮时可加一些盐巴或糖浆，以此来增加口感。

身心功效

有清毒解热与健胃的功效，在民俗疗法中常用以舒缓喉咙痛、止咳去痰。

尤老师小提醒

叶片采摘下来可直接冲泡，但由于叶片较肥大，也可先撕成小片再冲泡。气味极为浓郁、独特，建议单独冲泡，不适宜与其他茶饮香草一起冲泡，冲泡量也不宜过多。

到手香
栽培重点

到手香是大家耳熟能详的香草植物，原产于非洲南部，不畏高温、多湿的气候环境，全年生长良好，可说是很好栽种的香草植物。以扦插方式繁殖即可。

事项	春	夏	秋	冬	备注
日照环境	全日照	全日照	全日照	全日照	日照须充足
供水排水	供水正常，排水须顺畅，稍微潮湿的环境亦可				
土壤介质	一般培养土及壤土皆可				
肥料供应	进行追肥		进行追肥		换盆或地植时施予基础肥，以氮肥为主
繁殖方法	扦插		扦插	扦插	繁殖容易，扦插很快就可发根
病虫害防治		要保持通风顺畅以减少病虫害			病虫害不多，照顾容易
其他					

Q 到手香的品种很多，是否都可以冲泡茶饮？除此之外还有其他用途吗？

除了基本款到手香外，小叶到手香、斑叶到手香及柠檬到手香，这些都可以少量冲泡茶饮，端看个人对其香气与口感的喜好。由于有消肿的功效，可以揉碎后涂抹在蚊虫叮咬之处，也能外敷治刀伤。此外，还是香草手工皂的常见材料，也可制成到手香油膏。

小叶到手香　　斑叶到手香　　柠檬到手香

Q 到手香这类香草植物可以种植在室内吗？

几乎所有香草植物都不适合种植在室内，因为如果缺乏阳光直射，就无法进行光合作用，产生植物所需的叶绿素，进而导致徒长而衰弱。以到手香为例，摆在室内大约3周就会衰弱。

打造居家的鲜采小花园！

茶饮香草组合盆栽

新鲜香草茶饮所带来的生活乐趣，除了茶饮本身的香气、口感及视觉享受外，更重要的是可以采摘自己栽种的香草，来加以运用。兹介绍三款适合居家种植的组合盆栽。

Let's do it！

材料与工具

❶ 香草植物
❷ 培养土
❸ 有机肥料
❹ 盆器
❺ 剪刀
❻ 铲子

做法

1
于盆器中添加底土。

2
施加基肥，然后再用土覆盖肥料。

3
将植株进行松根，将约 1/3-1/2 的土去掉。

4
按照植株高低落差，摆入盆器中。

5
植株与植株彼此保持适当株间距。

6
最后再将新土完全覆盖旧土即可，完成后要将土壤一次浇透。

男主角组合

使用香草：

甜薰衣草、瑞士薄荷、绿叶百里香

甜薰衣草也可用其他薰衣草替代，如西班牙薰衣草等。薄荷则可选择比较直立型的品种，如瑞士薄荷等。绿叶百里香也可用麝香百里香代替。男主角茶饮香草运用范围广泛，组合盆栽种植，方便随时采摘。

女主角组合

使用香草：
柠檬罗勒、柠檬百里香
柠檬香蜂草

其他如柠檬香茅、柠檬天竺葵或是柠檬马鞭草等，也可以互相搭配种植。女主角茶饮香草本身就可以单泡，或配合男主角、配角及花旦一起冲泡，对喜欢柠檬系的同好而言，最值得推荐。

配角及花旦组合

使用香草：
迷迭香、茴香、蝶豆花

配角类的香草除了迷迭香、茴香外，其他如鼠尾草、天竺葵或是欧芹等也都可以。因为可同时在烹调中使用，放在厨房旁的阳台，非常合适。另外，花旦可随着季节而更换 。

平常就可以在家栽种香草与食用花，要吃的时候再采。

除了泡茶，也能入汤底！

香草束花火锅

文／冯忠恬

每年11月到次年4月的“香草束火锅”是农园里的重头戏，尤次雄会先带学员采集要用的香草花卉，边采集边讲解，待手上全是香味，篮子里也摆满各种颜色的食材后，接着便是累积20年深厚底蕴的味谱堆叠，跟着他的程序，一波波地加入香草束、食用花、水果玉米、蛤蜊，感觉味觉层次的变化。先是香草香，后有甜味，接着有海鲜的鲜味，味道也更甜了！

吃花要点

*干燥花已落伍，品尝花朵最即时的味道

对尤次雄来说，食用花没有保存问题，“我都新鲜吃，要吃的时候再采。”他建议平常就可以在家栽种香草与食用花，像是芳香万寿菊、金莲花、香堇菜等都好种又好用 。

*一路以大火熬煮，以香草与食材带出香味

不用担心火太大，吃香草束花火锅，从最开始的大骨熬汤就使用大火，一路不关小（汤不够时加白开水即可），因香草束特别搭配过，以香草作为汤底，花朵与食材沾染了香草味，迷人又美味。

*分阶段放入食用花与香草束，品尝不同滋味

共有两把香草束，随着食材一层层加入，汤头味道随之改变，因此味觉的感受是一波波的。大部分的食用花味道清雅淡致，锅的主味主要来自于大骨、香草束与水果玉米等食材，但汤头里细致的差异便来自于不同食用花的组合，尤其是多放了如芳香万寿菊等味道特征较明显的花，花味感受更明显。

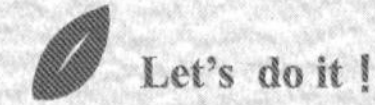

香草束花火锅

材料

猪大骨头 …… 适量

第一把香草束 …… 1把
迷迭香、百里香、鼠尾草
月桂叶、柠檬香茅、欧芹

第二把香草束 …… 1把
黄金鼠尾草、阿里山油菊
蒲公英、薰衣草

当季食用花 …… 适量
鸡／猪肉片 …… 1盒
水果玉米 …… 500克
竹轮 …… 10个
猪绞肉 …… 250克
蛤蜊 …… 500克
甜罗勒 …… 适量

做法

❶ 将猪大骨、第一把香草束、水果玉米入水熬煮，约15分钟后香味散出。

❷ 在肉片里包入食用花，卷起备用；竹轮里装上猪绞肉，将食用花插在猪绞肉上。

❸ 待做法❶的香味散出后，将花肉片、食用花放入汤底，煮熟即可开始吃第一轮。

❹ 第一轮快吃完时，把第一把香草束取出，放入第二把香草束（转变锅底味道），并将花竹轮放入。

❺ 待第二轮吃到一半时，可放入蛤蜊与甜罗勒，汤的味道又慢慢改变了，途中都可随时放花或其他喜欢的食材。没汤时可加白开水且一路以大火熬煮，且熬汤的猪骨可别丢喔，吸满了花草食材香气，啃起来别有滋味。

1 锅底：第一把香草束

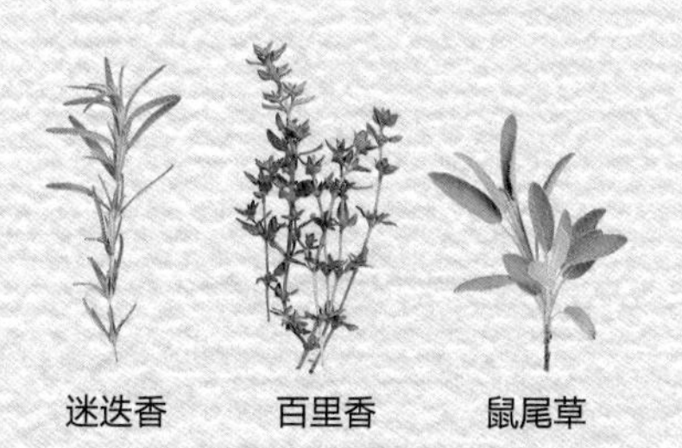

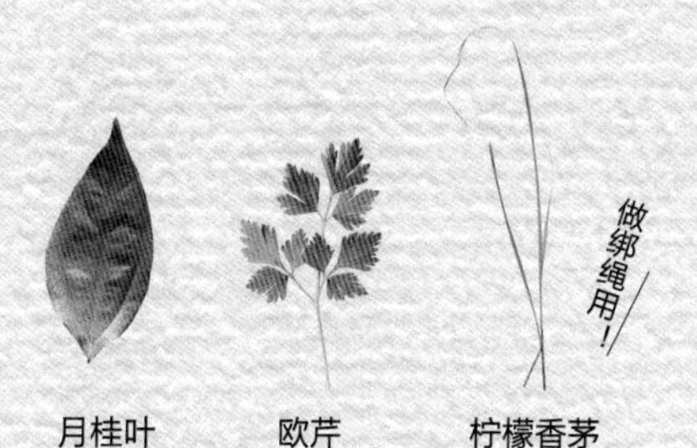

2 换味：第二把香草束

吃到一个段落后，可把第一把香草束拿起，以第二把香草束换味，此为尤次雄花火锅的精髓，不同时节有不同的味谱搭配。今天用了黄金鼠尾草、阿里山油菊、西洋蒲公英与甜薰衣草，以细香葱把它们全扎在一起即可。

3 创意花食材：花肉片

组合步骤

1
用肉片把酸模卷起（酸模也可改成奥勒冈、茴香、刺芫荽等香草）。

2
将食用花插在卷起的孔洞上。重复制作，每朵都可插上不同的食用花，完成色彩缤纷花肉片。

4 创意花食材：花竹轮

组合步骤

1
在竹轮中间放入猪绞肉，把和竹轮很搭的百里香与食用花插入猪绞肉里。

2
一个竹轮放上一个百里香与食用花，重复步骤，制作出多元丰富花竹轮。

可以搭配花火锅的

同场加映

芳香万寿菊茶

花与叶皆有独特的百香果味，味道浓烈，1千克热水加4～5朵花即可。

香堇菜葡萄

将香堇菜与薄荷放在冰镇的葡萄上，一起享用，味道超搭！冬天时，葡萄改为草莓也适合。

香草茶饮的身心帮助表

香草植物	页码	镇静	消除疲劳	提振精神	舒缓心情	帮助消化	杀菌	预防感冒
男主角								
百里香	22	✓				✓	✓	✓
薰衣草	30		✓		✓	✓		
薄荷	40		✓	✓		✓		
洋甘菊	50				✓		✓	✓
女主角								
柠檬香蜂草	60				✓	✓		
柠檬马鞭草	66	✓	✓			✓		
柠檬香茅	72					✓		
柠檬罗勒	78			✓				
柠檬天竺葵	84		✓					
柠檬百里香	90	✓				✓	✓	✓
配角								
迷迭香	98	✓				✓		
鼠尾草	106	✓					✓	✓
奥勒冈	112					✓	✓	
欧芹	118					✓		
甜罗勒	124		✓	✓	✓	✓		
玫瑰天竺葵	130		✓					
茴香	136				✓	✓		
紫苏	142			✓				✓

增加抵抗力	清毒解热	舒缓疼痛	消暑	促进食欲	抗氧化	利尿	强身	其他
✓							✓	
								缓和胀气
							✓	保护胃肠、保温
✓						✓	✓	
✓	✓					✓	✓	
			✓	✓				
			✓	✓			✓	健胃、整肠
					✓			促进细胞活化、美肌，改善皮肤老化
							✓	安神、帮助记忆
							✓	
✓				✓				补铁、促进血液循环
						✓		
				✓				
✓								改善便秘
✓								

香草茶饮的身心帮助表

香草植物	页码	镇静	消除疲劳	提振精神	舒缓心情	帮助消化	杀菌	预防感冒
花旦								
紫罗兰	150				✓			
茉莉	156		✓	✓	✓			
天使蔷薇	162				✓			
向日葵	168					✓		
香堇菜	174			✓	✓	✓		
金银花	180					✓		✓
紫锥花	186							
西洋接骨木	192					✓		
蝶豆	198				✓			
栀子花	204		✓	✓	✓			
特技演员								
凤梨鼠尾草	212		✓		✓			
猫穗草	216							✓
芳香万寿菊	220		✓		✓			
鱼腥草	224							✓
到手香	228						✓	✓

增加抵抗力	清毒解热	舒缓疼痛	消暑	促进食欲	抗氧化	利尿	强身	其他
✓								
					✓			保温
				✓				
								改善便秘
	✓							
✓	✓		✓					
		✓				✓		舒缓胃胀
		✓			✓	✓		
	✓							
								舒缓胃胀
✓								
	✓							健胃

后记

香草与茶饮 带给我的疗愈

这么多年以来，每天接触香草植物，
品尝新鲜香草茶饮，使得身心有很大的改善。
香草植物，它们带给我最美好的疗愈。

初衷

回想20多年前，我因为长期在职场打拼，且大部分时间担任高阶主管职务，经常被偏头痛的痼疾所困扰。虽然求助于诊疗，却总是无法根除，于是借由母亲与大姐的协助到日本进行检查，同时也到母亲熟识的医院，进行全身诊断。诊断结果虽说并没有发现脑血管或脑神经的病变，然而高度的压力绝对是导致疾病的元凶。就在当时，大姐送了我一本广田靓子所著的*HERB BOOK*，开启了我对香草的认识，特别是书中的新鲜香草茶饮，引起了我高度的兴趣。

接触

于是我在1997年再度来到日本，开始研习香草植物。日本园艺老师带着我到神户的布引香草园，在那里，我看到许多开花美丽的香草；触摸到香草植物各形各色的质感；听到鸟鸣与蜜蜂辛勤工作的嗡嗡声；闻到香草神奇与多样的香味；同时也吃到最地道的香草料理，并品尝最新鲜的香草茶。在五感的熏陶下，我感受到最芬芳的世界，从此就爱上香草植物，并且与之结下不解之缘。

尝试

1998年我回到台湾，首先从50种的种子开始尝试栽种，虽然历经种植失败，但却也因此下定决心，阅读更多国外书籍，加以研究，终于在当年的中秋节过后，种出满园芳香。由于当时香草植物并不普遍，甚至在花市或苗圃也无法找到芳踪，于是我决定自己成立香草屋工作室，开始贩售自种的香草植物及香草相关产品，虽然刚开始并不顺利，但随着我对新鲜香草茶饮的推广，让香草植物逐渐深入爱好者的日常生活中，甚至出版了人生的第一本书——《香草生活家》。从此，推广香草生活便成了我一生的事业，我也因此结交了许多香草同好。

挑战

在与香草植物为伍的日子中，我真实地感受到种植花草的挑战与乐趣。当然有部分爱好者因为栽培困难而放弃，然而我依然乐此不疲，特别是这几年在阳明山时光香草花卉农园，借由每天的观察与照料，我慢慢地积累关于栽培的知识，如日照、通风、供水、土壤、肥料、病虫害防治等，配合各种香草植物的生长特性，也因此出版了第六本书《Herbs香草百科：品种、栽培与应用全书》，有更多机会与香草爱好者进行交流，并增加栽种品种的数量。在这一过程中，我配合着各种新鲜香草茶的冲泡与品饮，在好山好水的阳明山，感受大自然的美好，再次深深体会到香草植物的芬芳，与生活应用的乐趣。

分享

还记得当时在日本研习时，园艺老师送给我“量力而为，从小做起；大处着眼，小处着手”的叮咛，直到目前为止，我仍然坚守在香草的岗位上，每天观察、研究及照顾这些植物，并且到处演讲推广香草生活的乐趣。一切的美好来自香草所带来的自然生命力，我也通过这20年坚韧的生长过程，了解到人生就是“珍惜与感谢”，珍惜每一刻与香草为伍的日子，感谢每位支持我的同好。当我与大家分享香草植物栽培与生活应用的同时，也让自己的生命更加充实。

感谢

这么多年以来，每天接触香草植物，品尝新鲜香草茶饮，偏头痛已经远离我。由于在农园有了适度的运动、丰富的心灵、自然的环境、充足的营养与单纯的人际关系，使得身心有很大的改善，这都要归功于生活与香草的密切结合。

多年的香草栽培，让我学习到平常心、挑战心与持续心。保持着一颗平常心，就不会有过多的压力，凡事尽力就好；挑战心告诉我永远要保持研究的热忱，多方了解香草植物的特性与好处；持续心则带给我这20多年来优质的生活，并结交了许多同样喜欢香草的好朋友。这一切都要感谢香草植物，它们带给我最美好的疗愈。

图书在版编目（CIP）数据

香草茶饮应用百科 / 尤次雄著. —北京：中国轻工业出版社，2020.7

ISBN 978-7-5184-2635-5

Ⅰ.①香… Ⅱ.①尤… Ⅲ.①茶饮料－制作 Ⅳ.①TS275.2

中国版本图书馆CIP数据核字（2019）第185919号

责任编辑：方晓艳　　责任终审：白　洁　　整体设计：锋尚设计

策划编辑：方晓艳　　责任校对：晋　洁　　责任监印：张　可

出版发行：中国轻工业出版社（北京东长安街6号，邮编：100740）

印　　刷：北京富诚彩色印刷有限公司

经　　销：各地新华书店

版　　次：2020年7月第1版第1次印刷

开　　本：787×1092　1/16　印张：17

字　　数：320千字

书　　号：ISBN 978-7-5184-2635-5　定价：69.00元

邮购电话：010-65241695

发行电话：010-85119835　传真：85113293

网　　址：http://www.chlip.com.cn

Email：club@chlip.com.cn

如发现图书残缺请与我社邮购联系调换

191003S1X101ZYW